服装高等职业教育教材

服装 CAD 制板 实用教程

黄超　董礼强　张福良　编著

U0286656

中国纺织出版社

内 容 提 要

本书详细介绍了以格柏服装 CAD AccuMark V8 系统为依托的格柏服装 CAD 基础知识,服装 CAD 样片设计及推板、服装 CAD 排板和具体应用。在应用中详述了童装、女装、男装共计 11 款服装的样板设计,并演示了重点款式样片的推板和排板。

本书简明易懂,要领提示精当,既可供高等职业院校服装专业学生学习使用,又可供服装专业技术人员学习参考。

图书在版编目(CIP)数据

服装 CAD 制板实用教程/黄超,董礼强,张福良编著. —北京:中国纺织出版社,2012.6

服装高等职业教育教材

ISBN 978 - 7 - 5064 - 8613 - 2

Ⅰ.①服… Ⅱ.①黄… ②董… ③张… Ⅲ.①服装设计—计算机辅助设计—高等职业教育—教材 Ⅳ.①TS941.26

中国版本图书馆 CIP 数据核字(2012)第 088716 号

策划编辑:张晓芳 责任编辑:魏 萌 责任校对:余静雯
责任设计:何 建 责任印制:何 艳

中国纺织出版社出版发行

地址:北京东直门南大街 6 号 邮政编码:100027

邮购电话:010—64168110 传真:010—64168231

http://www.c-textilep.com

E-mail:faxing@ c-textilep.com

三河市华丰印刷厂印刷 三河市永成装订厂装订

各地新华书店经销

2012 年 6 月第 1 版第 1 次印刷

开本:787×1092 1/16 印张:15.25

字数:235 千字 定价:35.00 元(附光盘 1 张)

序

在竞争日益激烈的服装行业中，服装 CAD 技术已经成为服装企业提高生产效率、降低生产成本必不可少的利器。越来越多的服装企业采用服装 CAD 技术，越来越多的软件公司研发服装 CAD 技术，现在的服装 CAD 领域可谓是"百花齐放，百家争鸣"。掌握服装 CAD 技术已经成为服装技术人员必须具备的一项基本技能，无论是在校的学生，还是企业中有几十年制板经验的板师，都应刻苦学习这一技能，以顺应时代发展需求。

美国格柏科技有限公司是全球知名的服装 CAD/CAM 系统制造商，从创立至今一直处于国际行业领导者地位，拥有全球 130 个国家的 25000 家客户。其产品线组成丰富，包含产品生命周期管理（PLM）、产品数据管理（PDM）和计算机辅助设计（CAD）等一系列自动化解决方案。学习一个知名的服装 CAD 品牌，对于提高板师知识视野，增强学习其他服装 CAD 的信心是很有帮助的。

格柏科技有限公司长期以来与浙江纺织服装职业技术学院保持良好的关系，大力支持学院的服装 CAD 教育教学活动，无偿提供了包括产品数据管理（PDM）和计算机辅助设计（CAD）的软件系统和技术培训，使得该系统成为广大师生最喜爱的服装 CAD 系统。经过十余年的反复演练、沉淀以及企业生产中的实际锻炼，我院服装 CAD 教师对该系统的使用已经成熟，教学经验非常丰富。此时推出的这本服装 CAD 教程，从格柏服装 CAD 系统特点和学习者的学习规律两个角度出发，去除一些繁杂的术语介绍和常规性服装 CAD 介绍，开门见山、直入主题地进行软件系统介绍，使初学者能够快速进入核心技术地学习。本书所提供的大量实例远远丰富于同类服装 CAD 教程。另外，本书作者尽心尽力地为每一实例录制了详细的视频教程，实属可贵。

2012 年 1 月

前言

随着服装 CAD 应用普及率的不断提高，越来越多的服装制板师逐渐摆脱了以手工制板的操作方式。越来越多的服装企业以先进的服装 CAD 软件系统为依托，实现了衣片设计、衣片推板、排板等技术环节的计算机化改造。实践证明，用好服装 CAD 软件系统，对服装企业提高生产效率和降低生产成本有着重要作用。

目前服装 CAD 市场品牌众多，竞争激烈，无论是服装 CAD 学习者还是服装企业，选择一个适合自己的服装 CAD 品牌是一件很重要的事情。在众多服装 CAD 品牌中，美国格柏（Gerber）公司的服装 CAD 软件系统是推出最早、应用时间最长的品牌之一，在目前的服装行业中，该系统具有重要的影响力，在许多大中型服装企业及服装院校中得到了长期广泛的应用。在技术创新的不断推动下，格柏公司的服装 CAD 系统日趋成熟，而新一代 AccuMark V8 系统的广泛推广，使得更多的服装 CAD 爱好者开始学习和使用该系统。

从事服装 CAD 工作的人应该具备扎实的服装专业知识和熟练操作计算机的能力，尤其是服装 CAD 软件。只有具备以上条件的人员才具有非常强的职业竞争力。而现实的情况是，服装企业中经验丰富的老师傅计算机操作很难熟练，而年轻一代虽然计算机操作没什么问题，但是服装生产中的实际经验尚需积累。对于既不懂服装专业知识、计算机操作又不熟练的初学者来说，按传统的学习方式，先学手工打样再学服装 CAD 操作，在岗位竞争日益激烈的今天，无疑是一件费时、费力、费钱的事情。本书作者长期从事院校服装 CAD 教学、社会技师服装 CAD 培训，在企业服装 CAD 生产实践的基础上，总结了一套快捷有效的学习方法，将服装专业知识融入服装 CAD 的学习中，读者通过模仿本书所提供的实例，按照步骤一步步学习，反复实践，可快速掌握服装 CAD 软件的操作技巧，并能拥有技术上的举一反三能力和板型上的审美能力，从而在工作中得心应手。

本书第一章、第三章、第四章由浙江纺织服装学院黄超老师编写，第二章由浙江纺织服装学院董礼强老师编写。

尽管我们倾注了大量的时间和心血来编写本书，但由于水平有限，疏漏之处在所难免，恳请广大读者批评指正。

编著者

2011 年 7 月

目录

格柏服装CAD基础知识

第一节 启动面板界面

【启动】面板由五部分功能组成:样片设计,放缩表,读图;排版❶,资料编辑;绘图与切割;资源管理器,系统设置;文件等功能,点击面板左侧圆形按钮即可以启动对应命令,如图1-1所示。

图1-1 【启动】面板

一、样片设计,放缩表,读图

【样片设计,放缩表,读图】面板如图1-2所示。

---

❶ 排版:一般作"排板",本书使用术语为软件汉化后名称。

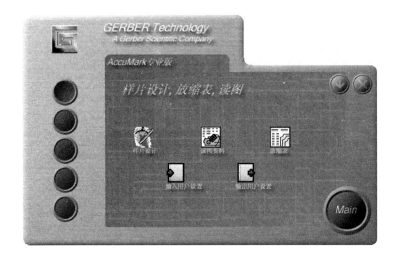

图1-2 【样片设计,放缩表,读图】面板

样片设计:双击此图标可打开打版❶和放码系统。

读图资料:显示和编辑样片的读图资料。

放缩表:设定样片尺码和各个点的放缩规则。

输入用户设置:导入 PDS 中工作环境的个性化设置。

输出用户设置:导出个性化设置,包括对工具列、参数等设置。

二、排版,资料编辑

【排版,资料编辑】面板如图 1-3 所示。

排版:通过设计产生合理的排版图。

款式档案:设定组成一件衣服所需的样片及其数量。

排版放置限制档案:设定布料的拉布方式,件份(即组成一件完整服装或项目的样片群)的方向及排版时样片所受的限制。

剪口参数表:设定绘制和裁割的剪口的类型和尺寸。

版边版距:样片的周边线位置,预留样版间的距离。

产生排版图:生产排版图档案。

排版规范档案:设定排版图的相关资料,如布宽、注解、排版放置限制、尺码搭配等。

注解档案:设定绘图输出时,样片上所写的内容。

变更档案:设定变更的规则。

---

❶ 打版:一般作"打板",本书使用术语为软件汉化后名称。

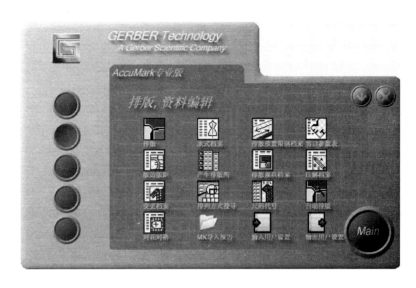

图1-3　【排版、资料编辑】面板

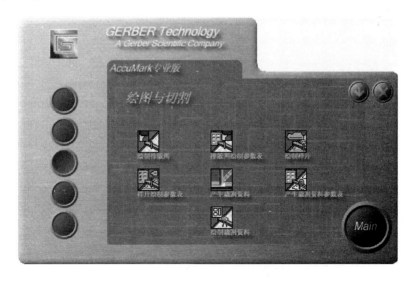排版方式搜寻：搜索排列方式，然后应用于同类排版图。

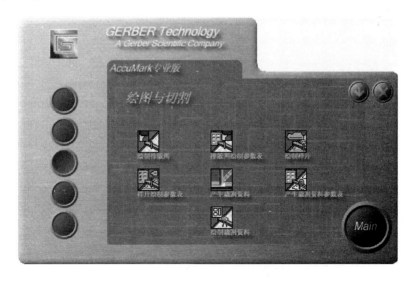尺码代号：与变更档案同时使用。

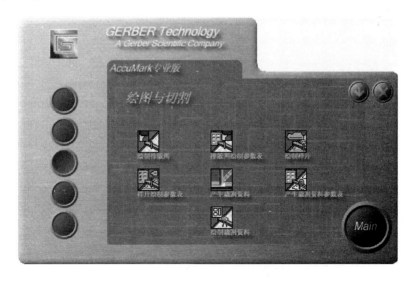自动排版：进行自动排版操作。

对花对格：设定样片之间或样片与布料的对格关系。

三、绘图与切割

【绘图与切割】面板如图1-4所示。

图1-4　【绘图与切割】面板

绘制排版图：用绘图仪或切割机绘制排版图。

排版图绘制参数表：绘制排版图有关的参数设置。

绘制样片：用绘图仪或切割机绘制样片。

样片绘制参数表：绘制样片相关参数设置。

产生裁割资料：生产裁割资料。

产生裁割资料参数表：产生裁割资料有关的参数设置。

绘制裁割资料：用绘图仪或切割机绘制裁割资料。

四、资源管理器，系统设置

【资源管理器，系统设置】面板如图 1-5 所示。

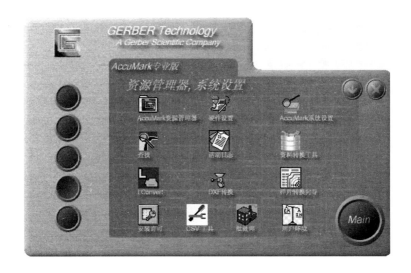

图 1-5 【资源管理器，系统设置】面板

AccuMark 资源管理器：样片及各种资料的管理。

硬件设置：设置各种硬件如绘图仪等相关参数。

AccuMark 系统设置：设置存储区、参数表等。

查找：查找符合条件的数据资料。

活动日志：浏览当前操作的执行状态。

Lconvert：导入力克（Lectra）系统的样片相关资料。

资料转换工具：将多种 CAD 数据格式进行转换。

DXF 转换：把 DXF 格式的样片数据转换为 AccuMark 的样片数据。

样片转换向导：AAMA 等数据的导入与导出。

安装许可：安装加密锁许可文件。

CSV 工具：用于导入 MTM 软件产生的批量订单。

批处理：执行多项任务。

用户环境：设置各种参数。

五、文件

【文件】面板如图 1 - 6 所示。

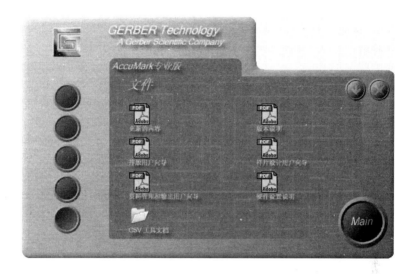

图 1-6 【文件】面板

提供详尽的格柏服装 CAD 技术文件，类似于帮助文件，读者在阅读完本书后，在这里可以有针对性地查看更多技术资料。

第二节 资源管理

【Accumark 资源管理器】类似 Windows 资源管理器，在这里可以完成大部分样片资料的编辑，双击【启动】面板中的 ，启动后界面如图 1 - 7 所示。下面介绍其常用功能。

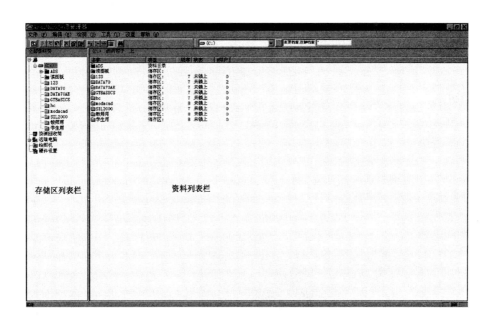

图 1-7 【Accumark 资源管理器】界面

一、创建新储存区

储存区是用户在系统硬盘或者网络驱动器上定义的工作区域,用来保存文件,图标类似于文件夹,但与文件夹不同。

①打开【AccuMark 资源管理器】,如图 1-8 所示。

图 1-8 创建新储存区

②在管理器的左侧工作区内选择相应的驱动区盘符,如 C 盘、D 盘等。

③在右面空白区域按鼠标的右键,选择【新建】→【储存区】(新建 V8 储存区)或【V7 储存区】(新建 V7 储存区)。

④输入储存区的名称。一般储存区的名称可根据产品的特性进行分区,如客户名称、产品名称等。

注意:储存区分为两种(V8 和 V7)。V7 为旧版本的储存区,对于 V8 储存区中的资料必须转换到 V7 才可以导入 V7 储存区中。转换方法:【文件】→【输出 V8 样片到 V7】。

二、资料的导入与导出

AccuMark 系统可以产生专用的 ZIP 文件。

1.导出

选择相应的文件如图 1－9 所示,可以利用 Ctrl/Shift 进行多选,【文件】→【导出 ZIP】,选择压缩文件保存的路径。

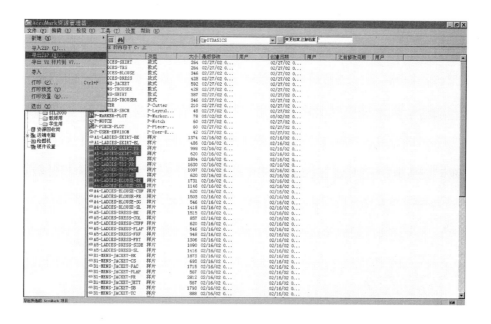

图 1－9　资料的导出

注意:

①在导出时,如果选中"包含附件",会将选中资料的相关资料一起导出,例如汇出排版图时,会将相关的样片、款式档案等一起汇出。

②在导出 ZIP 文件格式时,对款式变化增加了新的选项。如果用户选择"包含附件",可以使用选择款式变化的选项。选择并单击确定后,可以在导出款式变化对话框中选择所需要的款式变化进行导出。

2. 导入

选择文件需要导入的储存区如图 1 – 10 所示,通过【文件】→【导入 ZIP】,将 ZIP 文件输入 AccuMark 系统。

图 1 – 10   资料的导入

三、资料管理

1. 资料复制、删除

复制:选择相应的文件,可以通过直接拖动到其他储存区进行复制。

删除:选中要删除的储存区,然后按键盘上的【Delete】键,选择【是】,这样储存区就被删除了。注意:执行此命令时,储存区中的资料同时被删除了,并且无法在【资源回收筒】中找回被删除的资料。如果只是删除了储存区中的某个文件,则可以在【资源回收筒】中找回被删除的资料。

2. 资料报表

选择相应的资料,按鼠标右键产生报表,可以产生不同格式的报表(这些报表可以保存为 CSV 文件,可以用 EXCEL 打开),报表中包含资料的相关信息。所有的报告都显示为电子数据表格式。

第二章

格柏服装CAD样片设计及放缩

第一节　界面介绍及设置

一、界面介绍

　　Accumark 打版及推版系统是基于微软操作系统 Windows98/2000/XP 开发出来的,其界面继承了 Windows 一般软件界面的特征,如图 2 - 1 所示。

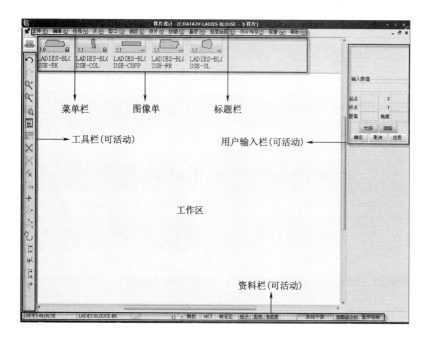

图2-1　【样片设计】界面

1.菜单栏

包括【文件】、【编辑】、【检视】、【点】、【剪口】等下拉菜单。

2.图像单

显示样片的相关资料。

3.工具栏

显示常用的基本工具。用户可以自行设置工具按钮。

4.工作区

显示及操作样片的区域。

5.用户输入栏

用户输入栏包括提示栏和输入栏。提示栏,为用户提供操作步骤的提示;输入栏,操作时输入数值。

6.资料栏

资料栏提供正在处理的样片或款式的资料。

样片设计(打版)系统界面的安排直接影响打版的速度,各个栏目的位置不是固定的,操作者可根据个人习惯灵活进行最优化设置,并可将个人工作环境导出为 * . reg " * "为通配符,代表所在位置的多个字符文件,避免重装系统或更换电脑后的重新设置。

二、打版环境设置

1.【参数选项】

在【参数选项】对话框中,如图 2-2 所示,可以改变样片的显示,调整显示颜色,定义绘图机信息,编辑款式转换信息,为存储区、款式、输入数据等建立路径。

图2-2 【参数选项】中的一般、显示、颜色的设置

2.【屏幕分布】

在【屏幕分布】对话框中,如图2-3所示,可使样片设计主屏幕上显示不同的菜单、工具栏和状态栏。注意,选中【菜单图标】项可以在菜单中显示图标,这样便于对指令的理解。

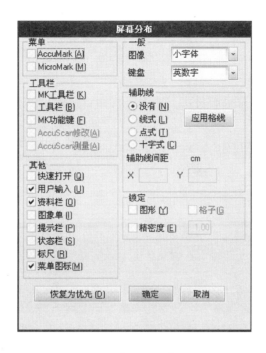

图2-3 【屏幕分布】设置

3.【用户自设工具栏】

在【用户自设工具栏】中,如图2-4所示,各命令图标与菜单栏一一对应,可选中相对应的图标,按鼠标左键拖到工作区中目标位置,即成为某项功能的按钮,方便打版操作,如图2-5所示。右键单击图标,就可把图标从布局中删除。所有命令均可以完全按照操作者的习惯来自行布局,一般情况下无须将所有图标都列出,否则挤占制版工作区域,影响制版效率。

三、系统标志及操作规则

1.系统标志

打版过程中各种颜色显示状态(该设置可由用户自由设定):

黑色:样片的原本线条,资料未被修改。

白色:正在处理的线条。

红色:被选中的线条。

蓝色:样片资料已被修改,但未储存。

2.样片上的各种符号的含义

▲ 三角形:线段的末端点。

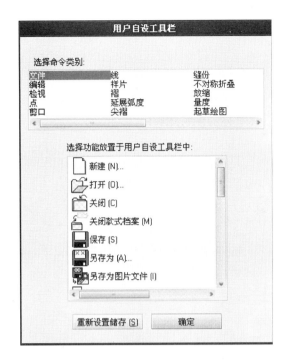

图2-4 【用户自设工具栏】设置

图2-5 格柏打版系统图标按钮

▼ 倒三角形:放缩点。

◆ 棱形:位于线段末端的放缩点。

□ 空心方形:线段上的位置。

■ 实心方形:中间点。

------虚线:内部资料。

——实线:周边线。

+形:袋口位或独立的一点。

|形:剪口。

▽倒三角内加十字形:放缩的袋口。

如图2 - 6 所示。

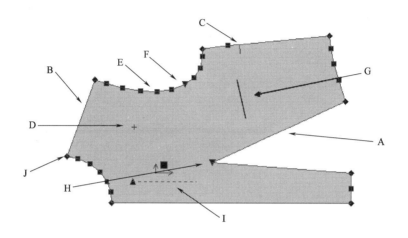

图2-6 样片上的各种符号

A = 尖褶(省)		F = 放缩点	
B = 周边线		G = 内部资料	
C = 剪口		H = 褶(省)尖	
D = 袋口		I = 布纹线	
E = 中间点		J = 位于线段末端的放缩点	

3.光标形状的变化

光标移动至系统中某几个区域时,形状会发生改变,各种光标形状表示如下:

正常模式。

被选中的点、线段、样片或图钉可以移动。

距离光标最近的对象已经被选中。

命令处于激活中。

放大命令已经被选中。

含有额外项目的右键菜单。

四、鼠标和键盘的操作

1. 鼠标的操作

左键:选择功能,用于选择样片、线、点等工作区中的对象以及菜单、按钮等命令。初学者使用左键在线上选点时应按下列步骤进行:按左键→先靠线→后找点→看见框→再松键。

右键:确认或退出左键执行的操作、弹出含额外项目的右键菜单。

左右键组合:在工作区中空白区域按下左键不放,再按下右键,然后同时松开,作用是切换光标/数值模式。

滚轮:滚动,起放大缩小作用;按下,起确定作用。

2. 键盘的操作

使用快捷键可以大大提高操作者的操作速度,通用快捷键总结见表2-1。除通用快捷键外,在打版系统中的一般与点相关的快捷键以【Alt】键组合,与线相关的快捷键以【Ctrl】键组合,与样片相关的快捷键以【Shift】键组合。另外,取消所有指令的快捷键是键盘左上角的【ESC】键。

表2-1 通用快捷键

菜单	快捷键	功能	菜单	快捷键	功能
文件	Ctrl + N	新建	检视	F8	缩小
	Ctrl + O	打开		F4	单片显示
	Ctrl + S	保存		Ctrl + I	显示中间点
	Ctrl + Q	另存图片文件		Ctrl + B	显示点属性
	Ctrl + P	打印		Ctrl + W	以标记做核对
	Ctrl + L	绘图		Ctrl + K	叠合点开关
	Ctrl + C	复制款式		Ctrl + H	清除网状显示
编辑	Ctrl + Z	撤销	点	Alt + F4	增加点
	Ctrl + A	选择全部		Alt + F7	以距离加钻孔点
	F10	删除工作区中的样片		Alt + F9	以距离在线上加点
	Ctrl + Y	恢复		Alt + F1	删除点
	Ctrl + D	清除全部		Alt + F12	移动一点
检视	F7	放大		Alt + F11	顺滑移动点
	F3	整体显示		Alt + F6	加钻孔点
	F2	分开样片		Alt + F8	线上加点
	Ctrl + J	显示放缩规则		Alt + F10	交接点
	Ctrl + U	显示种类标记		Alt + F3	两点对准
	Ctrl + G	显示全部尺码		Alt + F2	移动点
	Ctrl + F	F 线旋转		Alt + F5	增加剪口
	Ctrl + R	更新荧光屏			

菜单	快捷键	功能	菜单	快捷键	功能
线段	Ctrl + F7	输入线段	样片	Shift + F9	翻转样片
	Alt + 8	两点拉弧		Shift + F12	定位以旋转样片
	Ctrl + F6	不平行复制		Shift + F11	恢复样片原位置
	Ctrl + F1	删除线段		Shift + F4	抽取样片
	Alt + S	交换线段		Shift + F7	设定增加缝份量
	Ctrl + F3	固定长度移线		Shift + F8	交换裁/缝线
	Ctrl + F9	合并线段		Shift + F2	移动样片
	Ctrl + F8	修剪线段		Shift + F10	旋转样片
	Alt + 7	两点直线		Shift + W	比并线条
	Ctrl + F4	平行复制		Shift + F5	调对水平
	Ctrl + F5	复制线段	放缩	Alt + J	修改 X Y 放缩值
	Alt + R	替换线段		Alt + N	更改放缩规则
	Ctrl + F2	移动线段		Alt + B	复制放缩表规则
	Ctrl + F11	移动并平行		Alt + T	指定放缩表
	Ctrl + F10	分割线段		Alt + Q	量度线段
	Ctrl + F12	平直曲线线段		Alt + K	创造 X Y 放缩值
样片	Shift + F6	长方形样片		Alt + A	增加放缩点
	Shift + F3	套取样片		Alt + C	复制放缩资料
	Shift + R	增加移除裁/缝线		Alt + Z	清除量度表
	Shift + F1	删除工作区中的样片			

第二节　样片设计常用工具介绍

一、点

【点】主要包括以下功能,如图 2－7 所示。

1.【增加点】

为一根线段增加一个点,或者为一片样片增加一个内部钻孔点。

（1）【增加点】基本功能

【增加点】的基本功能包括:线上加点和线外加点,加任意点和相对点。例如在长方形上加

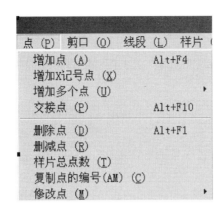

图2-7 【点】的功能菜单

任意点 A 点、B 点,相对点 C 点、D 点,F 点。B 点、F 点属于线外点,A 点、C 点、D 点属于线上

点,如图 2-8 所示。其中,线上加相对点时在起点或终点处输入目标数值 ,空间上加

相对点时在 X、Y 处输入相对坐标值即可 。

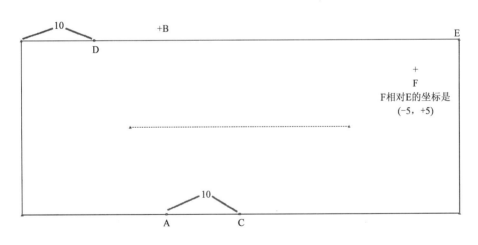

图2-8 【增加点】功能操作

(2)鼠标右键菜单

鼠标的右键菜单如图 2-9 所示。

①【一般】:任意位置上加点。

②【中间点】:线上增加中点。左键选择要两等分的线段,右键确定即可。

③【多个】:

【线上定距离】:线上两点间按照指定距离加点。

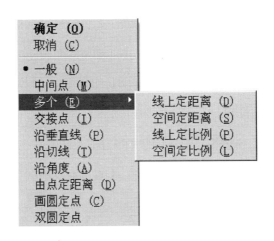

图2-9　鼠标的右键菜单

【空间定距离】:空间上任意两点间按照指定距离加点。

【线上定比例】:线上任意两点间加等分点。左键选择要加等分点的线段,移动图钉定出目标等分范围,右键确定后输入图钉间目标增加点的数量再确定即可,如图2-10所示。

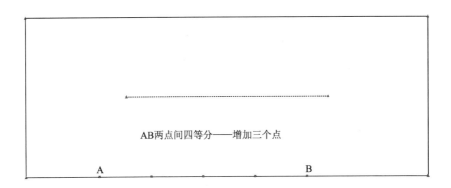

AB两点间四等分——增加三个点

A　　　　　　　　　B

图2-10　线上等比例增加点

【空间定比例】:空间任意两点间加等分点。左键选择两点,右键确定后输入两点间目标增加点的数量即可。

④【交接点】:在两条线相交的地方产生交接点。左键分别选择两条线即可,一次操作只产生一个交接点,而且交接点产生在选择操作的第二条线上,如图2-11所示。

⑤【沿垂直线】:沿线的垂直方向加点。

⑥【沿切线】:沿线的切线方向加点。

⑦【沿角度】:沿与线成某一角度加点。

⑧【由点定距离】:以线上的已知点为参考点,定值加点。

⑨【画圆定点】:用画圆的方法找到所要的点——圆与线的交点即为所需点,如图2-12所示。

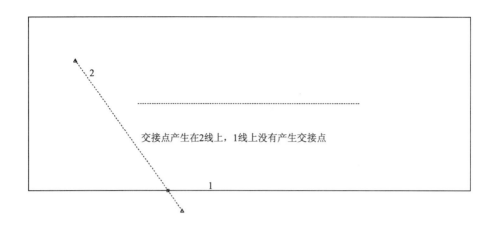

图2-11　产生交接点

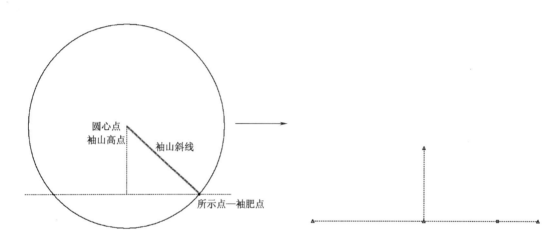

图2-12　画圆定点

⑩【双圆定点】:通过画两个圆得到两个圆的交点。

2.【删除点】

删除不要的点。左键框选不要的点,右键确定。

3.【修改点】

【修改点】的功能菜单如图2-13所示。

(1)【两点对准】

重新定位一个点,使其和其他某个点在水平或垂直方向上对齐。可以对齐剪口点、线段上的点或者样片内部的钻孔点。

(2)【移动一点】

单个点的移动,可用于调整弧线的造型。

(3)【移动点】

同时移动多个点。

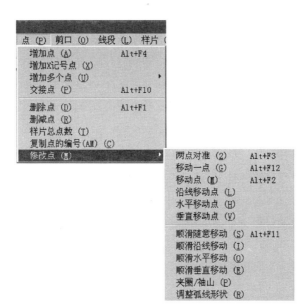

图2-13　【修改点】的功能菜单

（4）【沿线移动点】

把一点沿着原来的线段移动，而相邻点保持不变。可用于延长线段或缩短线段，如图2-14。

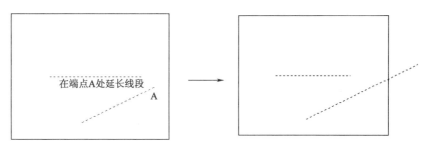

图2-14　延长线段

（5）【水平移动点】

沿着 $x(\mathrm{X})$ 轴的方向水平移动一个点或者一组点。

（6）【垂直移动点】

沿着 $y(\mathrm{Y})$ 轴的方向垂直移动一个点或一组点。

（7）【顺滑随意移动】

可移动一点至新的位置，其相邻的点会自动调整形状以保持线段的圆滑。

（8）【顺滑沿线移动】

将一点沿着原来的线段移动，其相邻的点会自动调整形状以保持线段圆滑。

（9）【顺滑水平移动】

将一点作水平移动,其相邻的点会自动调整形状以保持线段的圆滑。

(10)【顺滑垂直移动】

将一点作垂直移动,其相邻的点会自动调整形状以保持线段的圆滑。

(11)【袖窿/袖山】

修改袖窿弧线的同时调整袖山弧线。跨越多个样片的袖窿弧线或袖山弧线也可被修改。

(12)【调整弧线形状】

调整跨越多个样片的弧线形状。

二、剪口

【剪口】的功能如图 2－15 所示。

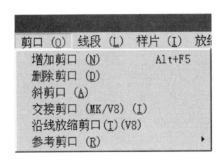

图 2－15　剪口的功能

1.【增加剪口】

为样片增加垂直剪口。其操作类同【点→增加点】。

2.【删除剪口】

选择样片上目标删除剪口(可多选)后按右键确定即可。

3.【斜剪口】

增加一个斜剪口或者改变现在剪口的角度。

4.【交接剪口】

为样片或线段增加交接剪口或删除、编辑现在交接剪口。

5.【沿线放缩剪口】

沿线放缩可以控制剪口在推档号型上的位置。使用沿线放缩时只需要一个值。沿线放缩值可以设定,这样剪口就可以与参考点以一定距离进行推档。正值和负值控制着剪口定位的方向。

三、线段

【线段】的功能菜单如图 2－16 所示。

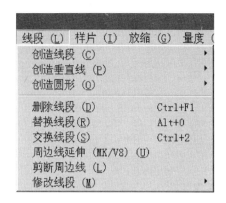

图2-16 【线段】的功能菜单

1.【创造线段】

【创造线段】的功能菜单如图2-17所示。

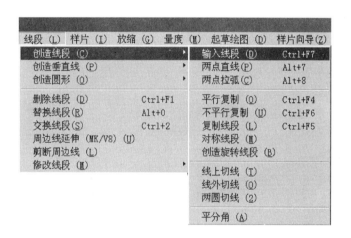

图2-17 【创造线段】的功能菜单

(1)【输入线段】

可以同时创造一条或多条直线和曲线作为样片的内部线。通过右键菜单可以选择线的类型(任意直线、水平线、垂直线、弧线)。线段控制点的操作同【点→增加点】。

(2)【两点直线】

绘制任意直线、水平线、垂直线。

(3)【两点拉弧】

绘制两点弧线。

(4)【平行复制】

在指定距离内复制并平行移动一条线段,原线段保持不变。复制线段移动时与原线段保持平行,且形状与角度都不变,如图2-18所示。

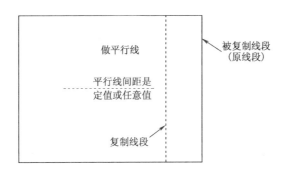

图 2-18　平行复制线段

(5)【对称线段】

可以创造选定的周边线/裁缝线或内部线的对称线段。选择目标对称线段,右键确定后选择对称轴即可。

2.【创造垂直线】

【创造垂直线】的功能菜单如图 2-19 所示。

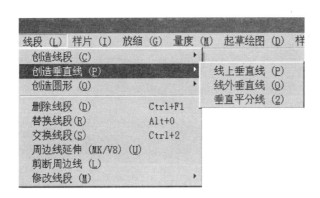

图 2-19　【创造垂直线】的功能菜单

(1)【线上垂直线】

过线上目标点或任意一点作线的垂直线,如图 2-20 所示。

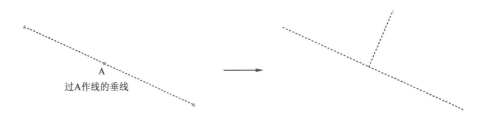

图 2-20　产生线上垂直线

(2)【线外垂直线】

过线外目标点或任意一点作线的垂直线,如图2-21所示。

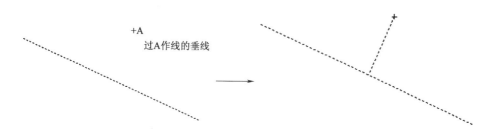

+A
过A作线的垂线

图2-21　产生线外垂直线

(3)【垂直平分线】

作线上任意两点间的垂直平分线,如图2-22所示。

A
B

A、B间的垂直平分线

图2-22　产生垂直平分线

3.【创造圆形】

【创造圆形】的功能菜单如图2-23所示。

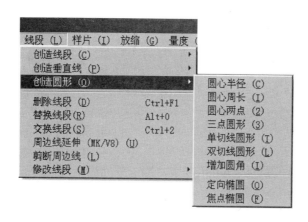

图2-23　【创造圆形】的功能菜单

(1)【圆心半径】

通过定义圆心点和圆的半径或周长来创造一个圆形。

(2)【增加圆角】

用圆形的一部分替换一个周边线的角(两条相邻线段),如图2-24所示。

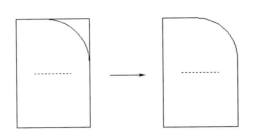

图 2-24 替换周边线的角

4.【删除线段】

可以永久性地删除样片的线段。如果选择删除的是现有的一根周边线,则系统会自动在原有线段的两个端点之间连接一根直线。

5.【替换线段】

用一根或一组内部线来替换一根或者多根周边线。该内部线或其延长线必须和周边线相交于两个端点,如图 2-25 所示。

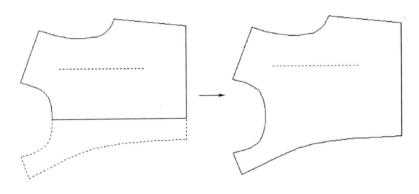

图 2-25 替换线段

6.【修改线段】

【修改线段】的功能菜单如图 2-26 所示。

(1)【平行移动】

平行移动一根周边线/裁缝线或者内部线。当一根周边线/裁缝线被移动时,则与其相邻的线段会自动延长直到与其相交,如图 2-27 所示。

(2)【移动线段】

向任意目标方向移动一根线段。

(3)【移动并平行】

将所选线段与另外的线段、X 轴或 Y 轴构成平行线后再移动该线段的位置,如图 2-28 所示。

(4)【旋转线段】

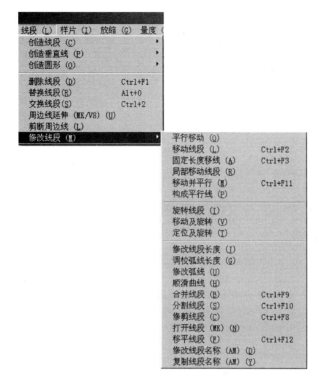

图2-26　【修改线段】的功能菜单

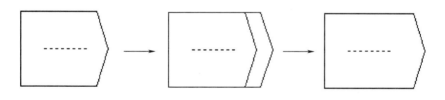

图2-27　平行移动周边线

将周边线/裁缝线或者内部线旋转一个角度或者一段距离。旋转支点将保持不动。

(5)【合并线段】

将两条或者更多的线段合并成一条线段。必须按照逆时针的方向来选择要合并的线段。

(6)【分割线段】

可以将一条线段分割成为两段甚至更多段的线段。

(7)【修剪线段】

两条线相交,修剪掉不要的一部分,如图2-29所示。

四、样片

【样片】的功能菜单如图2-30所示。

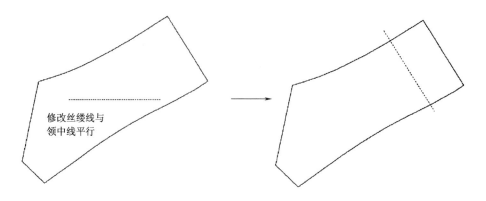

修改丝缕线与
领中线平行

图 2 - 28　移动并平行线段

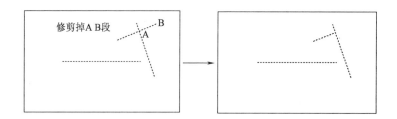

图 2 - 29　修剪线段

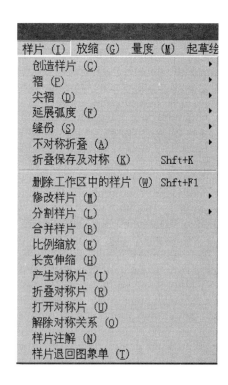

图 2 - 30　【样片】的功能菜单

1.【创造样片】

【创造样片】的功能菜单如图2-31所示。

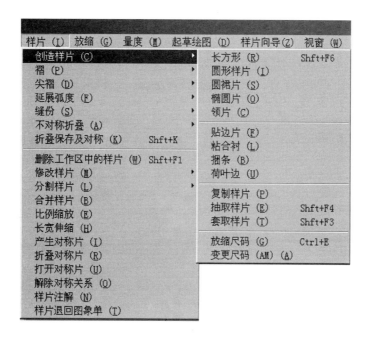

图2-31 【创造样片】的功能菜单

(1)【长方形】

创造一个新的长方形样片。可以创建任意大小的长方形或边长定值的长方形。

(2)【圆裙片】

创造一个具有腰围及裙长尺寸的1/4圆裙片。输入腰围尺寸和裙长尺寸即可。

(3)【贴边片】

该功能可以快速以现有线段或输入线段创造样片的贴边片,而无需选择多条线套取目标贴边片,如图2-32所示。

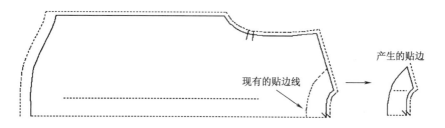

图2-32 产生贴边片

(4)【粘合衬】

通过指定小于原样片一定尺寸来创造新样片。选择样片后,输入负的偏移量,此线条就像在所有周边线上使用移动偏移量那样创建新样片,如图 2 - 33 所示。

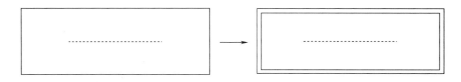

图 2 - 33 产生粘合衬

(5)【荷叶边】

该功能用来给现有样片创建荷叶边。现有样片可以为领、镶边或其他任何基础样片,如图 2 - 34 所示。

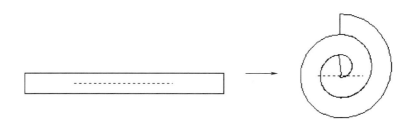

图 2 - 34 产生荷叶边

(6)【套取样片】

用于从现有的样片上通过套取样片的周边线、内部线来生成新的样片。在套取一般样片的同时还可以套取对称片和非对称片。需沿顺时针方向依次选择样片的轮廓线,并形成封闭图形。

2.【褶】

【褶】的功能菜单如图 2 -35 所示。

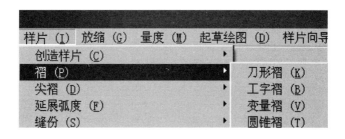

图 2 - 35 褶的功能

(1)【刀形褶】

在样片内部线的位置加刀形褶,如图 2 - 36 所示。

(2)【工字褶】

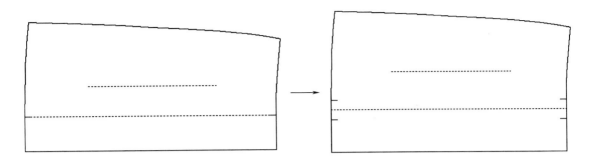

图2-36 产生刀形褶

在样片内部线的位置加工字褶,如图2-37所示。

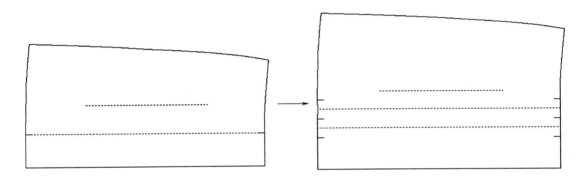

图2-37 产生工字褶

(3)【圆锥褶】

用来做一端固定不动另一端延展的刀型褶或变量褶,如图2-38所示。

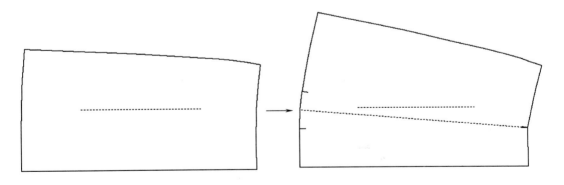

图2-38 圆锥褶

3.【尖褶】

【尖褶】的功能菜单如图2-39所示。

(1)【旋转】

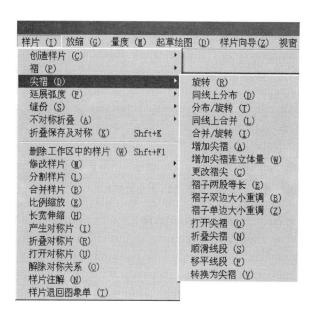

图2-39 【尖褶】的功能菜单

将目标尖褶的开口位置,转至周边线上目标位置,如图2-40所示。

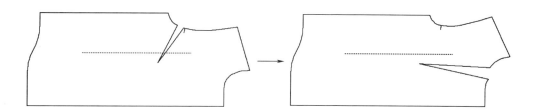

图2-40 尖褶转移

(2)【同线上分布】

将一个尖褶量在同一线上分成几个尖褶,如图2-41所示。

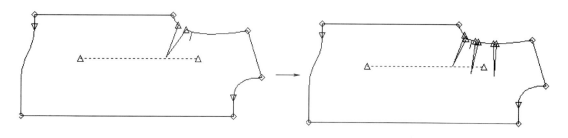

图2-41 尖褶同线上分部

(3)【增加尖褶】

为一个样片增加一个尖褶,但不改变弧度,如图2-42所示。

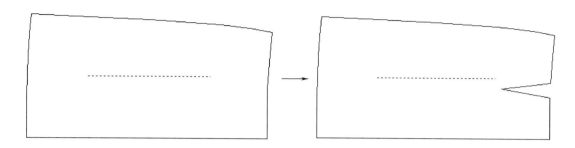

图2-42　样片上增加尖褶

(4)【褶子两股等长】

将长度不一致的尖褶两边线调整一致,如图2-43所示。

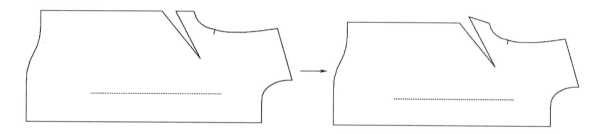

图2-43　褶子边线长度调整一致

(5)【打开尖褶】

将折叠的尖褶打开,如图2-44所示。

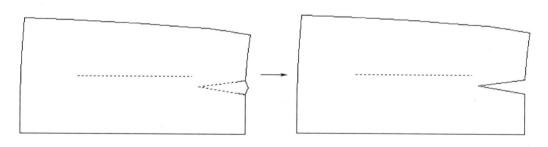

图2-44　打开尖褶

(6)【折叠尖褶】

折叠一个现有的尖褶,如图2-45所示。

(7)【转换为尖褶】

将样片上貌似尖褶的一段周边线转换成系统可识别的尖褶,如图2-46所示。转换前A、B、C、D、E是同一条线上的点。转换后,折线BCD为尖褶,线段AE分式线段AB、BD和DE3段。

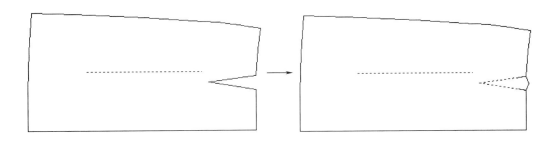

图2-45　折叠尖褶

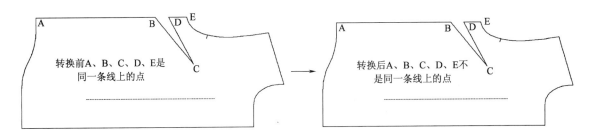

图2-46　转换为尖褶

4.【延展弧度】

【延展弧度】的功能菜单如图2-47所示。

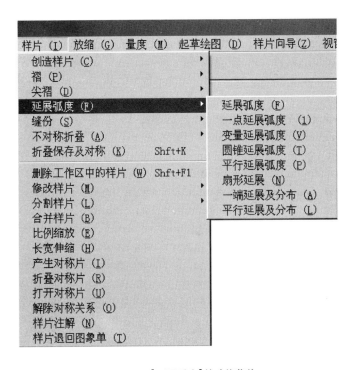

图2-47　【延展弧度】的功能菜单

（1）【变量延展弧度】

创建不等量的延展弧度，如图2－48所示。

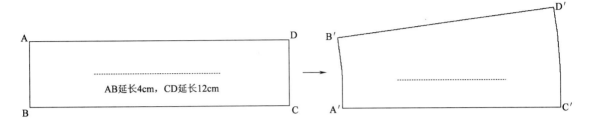

AB延长4cm，CD延长12cm

图2－48 变量延展弧度

（2）【一端延展弧度】

一端延展弧度有延展量，一端没有延展量。

（3）【平行延展弧度】

两端的延展量相同，平行的将样片延展开。

5.【缝份】

【缝份】的功能菜单如图2－49所示。

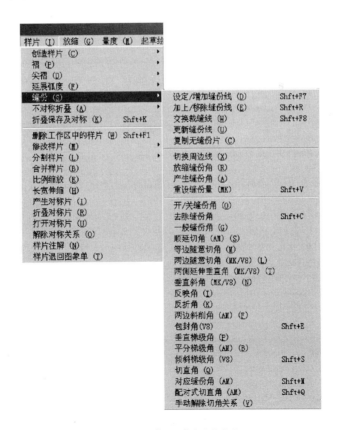

图2－49 【缝份】的功能菜单

（1）【设定/增加缝份量】

按样片或线段，同时为一个或者多个样片设置缝份量。可以均匀放缝或不均匀放缝，如图2-50所示。

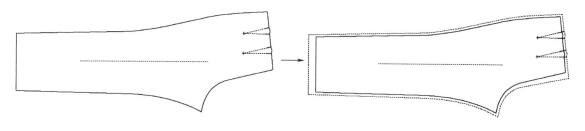

图2-50　设定/增加缝份量

（2）【增加/移除缝份线】

隐藏或显示选中样片上的缝份线。

（3）【交换裁/缝线】

交换选择裁割线和缝制线来作为样片的周边线/裁缝线，如图2-51所示。

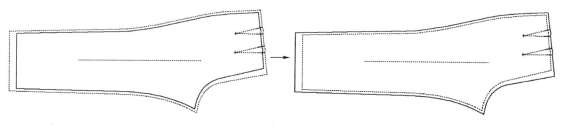

图2-51　交换裁/缝线

（4）【去除缝份角】

清除缝份角上的任何角度操作，包括对相邻裁割线设定的剪口，如图2-52所示。

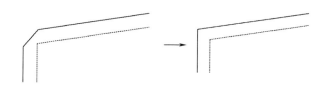

图2-52　去除缝份角

（5）【反折角】

在线段的两个端点都创建一个反折角，也被称为反折缝份，如图2-53所示。

（6）【顺延切角】

系统将每条缝制线延长交接到裁割线上。在两个交接点之间剪除原来的缝份角形状，产生一个新的缝份角，如图2-54所示。

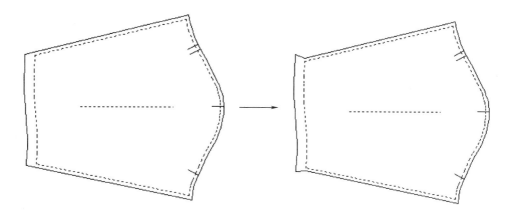

图 2 - 53 反折角

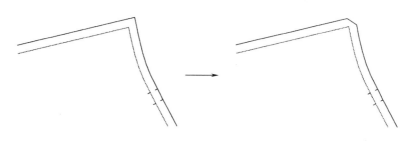

图 2 - 54 顺延切角

(7)【等边随意切角】

可以将角上的缝份修剪成为平直的形状,如图 2 - 55 所示。

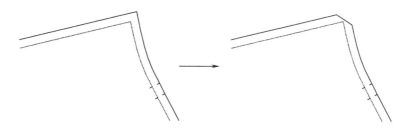

图 2 - 55 等边随意切角

(8)【两边斜削角】

为一个小于 90°的角创建两边斜切角,如图 2 - 56 所示。

(9)【包封角】

与【等边随意切角】相似,不同之处:包封角的边并不一定是一条直线。通常用于有衩的部位,如图 2 - 57 所示。

(10)【垂直梯级角】

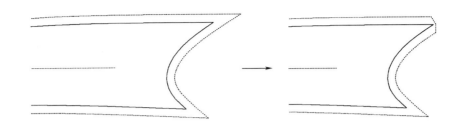

图 2-56　两边斜削角

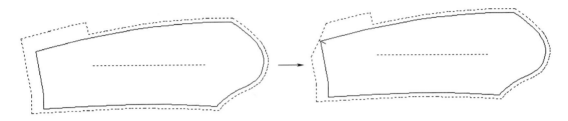

图 2-57　产生包封角

用于创建垂直的梯级角,同时改变该处的缝份量。倒褶裥和开衩都是最普遍的应用实例,如图 2-58 所示。

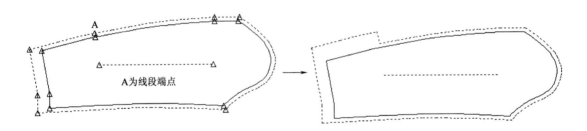

图 2-58　产生垂直梯级角

(11)【切直角】

将缝份角位切成直角,如图 2-59 所示。

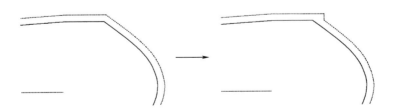

图 2-59　切直角

(12)【对应缝份角】

创造出一个曲线角,使两个样片的裁割线之间能够匹配。

(13)【配对式切直角】

创造切直角,并使得两个样片的裁割线在外形和长度上可以相互匹配。该功能可用于刀背缝、两片袖的袖缝,或者任何一个缝份外形和裁割线长度需要与对应样片匹配的样片上,如图2-60所示。

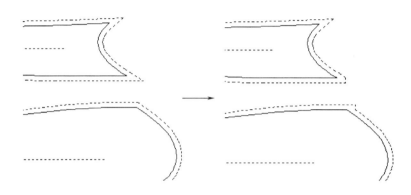

图2-60 产生配对式切直角

6.【不对称折叠】

【不对称折叠】的功能菜单如图2-61所示。

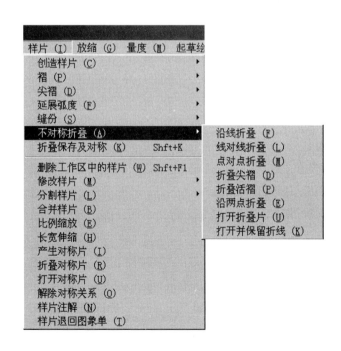

图2-61 【不对称折叠】的功能菜单

(1)【沿线折叠】

将一个样片沿着一根内部线进行折叠,如图2-62所示。

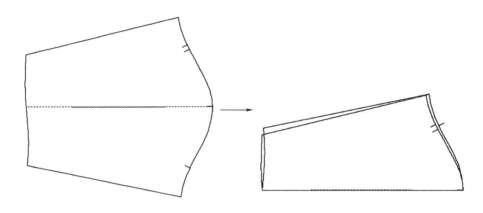

图 2 - 62　沿线折叠

（2）【线对线折叠】

样片按照选定的两根线段进行折叠。这个功能还可以帮助操作者检查选定的两根线是否是等长的。如果线上的点超过两个，系统选择端点进行折叠，如图 2 - 63 所示。

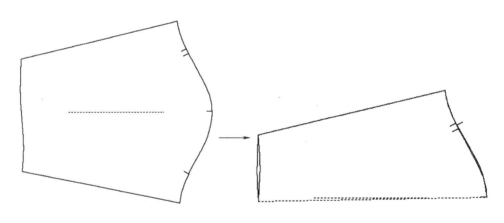

图 2 - 63　线对线折叠

（3）【点对点折叠】

在两个选中的点之间折叠样片。系统将第二个点和第一点进行对应，从而生成一根折叠线。

7.【清除工作区中的样片】

删除工作区中选中的样片。

8.【修改样片】

【修改样片】的功能菜单如图 2 - 64 所示。

（1）【翻转样片】

改变工作区中样片的方位。样片可以按照 $x(X)$ 轴和 $y(Y)$ 轴的四个象限进行翻转，如图 2 - 65所示。

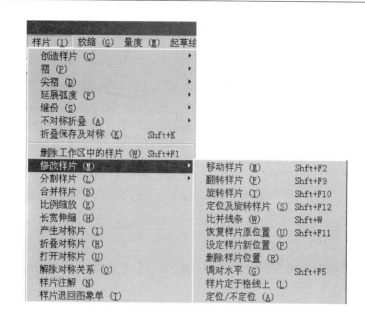

图2-64　【修改样片】的功能菜单

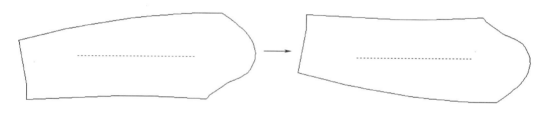

图2-65　翻转样片

（2）【旋转样片】

样片沿着选定的点旋转。

（3）【定位及旋转样片】

将一个样片的对位点定位在目标样片的对位点上，然后将该样片沿着该对位点进行旋转，如图2-66所示。

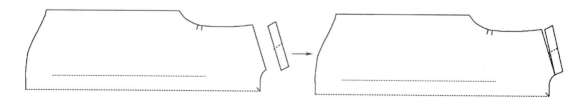

图2-66　定位及旋转样片

（4）【比并样片】

检查缝份的长度和曲线的对应状况，如图2-67所示。

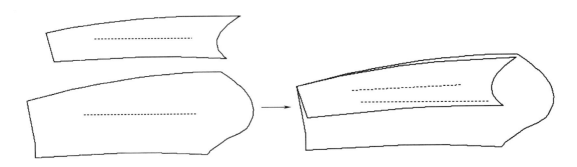

图 2 – 67　比并样片

（5）恢复样片原位置

可以将样片按照原来设定的方位显示在工作区中。

（6）调对水平

可以将一个样片的丝缕线恢复为水平位置，如图 2 – 68 所示。

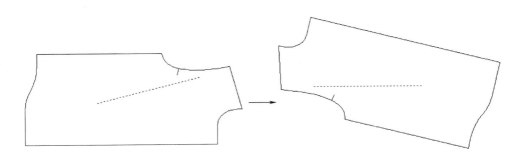

图 2 – 68　丝缕线调至水平位置

9.【分割样片】（沿线分割）

沿着目标内部线段将样片分割成为两个样片，如图 2 – 69 所示。

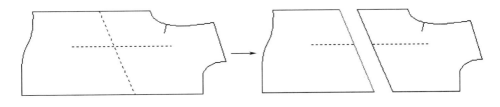

图 2 – 69　沿线分割

10.【合并样片】

将两个样片合并成为一个新的样片，如图 2 – 70 所示。

11.【产生对称片】

利用样片的一半生成一个完整的对称样片，如图 2 – 71 所示。

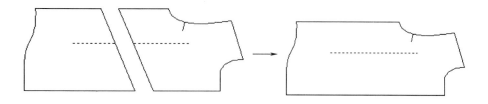

图2-70 合并样片

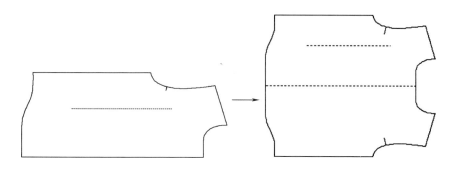

图2-71 产生对称片

12.【折叠对称片】

折叠一个对称样片,然后显示其一半,且对称线段呈虚线显示,如图2-72所示。

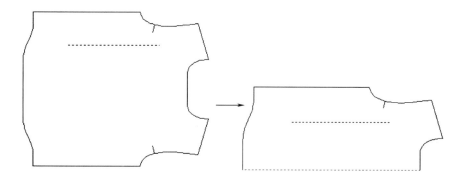

图2-72 折叠对称片

13.【打开对称片】

打开一个对称的样片,如图2-73所示。

14.【解除对称关系】

将对称样片转化成为非对称样片。样片外形左右均衡对称,但左右片包含的内部点/线不对称。

15.【样片注解】

直接在样片中输入新的注解,如图2-74所示。

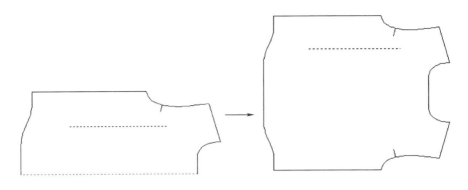

图 2-73　打开对称片

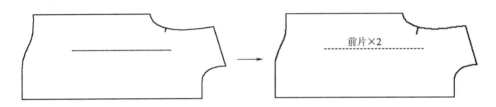

图 2-74　样片注解

16.【样片退回图像单】

将工作区中新创建的样片或者编辑过的原有样片移回图像单。

五、量度

【量度】的功能菜单如图 2-75 所示。

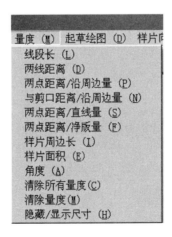

图 2-75　【量度】的功能菜单

1.【线段长】

测量样片中任意线段的长度。

2.【两线距离】

测量一个样片中两个线段之间的垂直或水平距离。

3.【两点距离/沿周边量】

测量周边线/裁缝线上两点之间的距离。

4.【两点距离/直线量】

测量任何两个点之间的直线距离。

5.【两点距离/净版量】

测量净版上任意两个点之间距离。

6.【样片周边长】

测量样片的周边线的长度。

7.【样片面积】

测量一个样片的面积。

8.【角度】

测量两条线之间的夹角。

9.【清除所有量度】

清除工作区中所有的量度。

10.【清除量度】

有选择地清除工作区中的量度。

11.【隐藏/显示尺寸】

暂时地显示或者隐藏工作区内的可视的量度尺寸。

第三节　样片放缩常用工具介绍

一、【创造/修改放缩】

【创造/修改放缩】的功能菜单如图 2 - 76 所示。

1.【修改 X/Y 放缩值】

修改在样片中的一个或者多个尺码组,但是不会影响其他尺码组。可以通过输入【X】和【Y】的修改值来进行编辑,或者使用鼠标来手动移动点,如图 2 - 77 所示。

2.【创造 X/Y 放缩值】

在一个放缩的或没有放缩的样片中创建放缩规则,而无需使用规则表中的放缩规则,如图 2 - 78 所示。

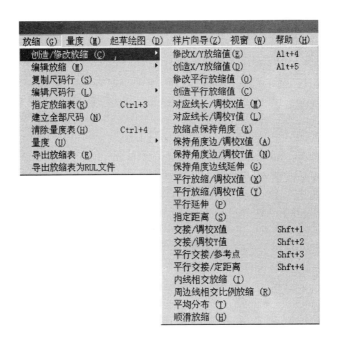

图 2-76 【创造/修改放缩】的功能菜单

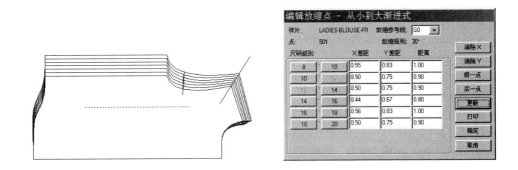

图 2-77 修改 X/Y 放缩值

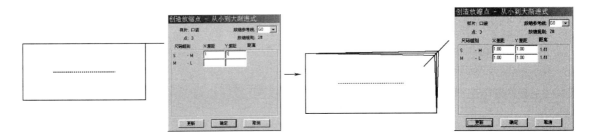

图 2-78 创造 X/Y 放缩值

3.【修改平行放缩值】

根据周边线而不是放缩点的 X/Y 的增量来编辑放缩规则数值。

4.【创造平行放缩值】

根据周边线而不是放缩点的 X/Y 的增量来创造放缩规则数值。将规则应用于两端点选项,同【修改 X/Y 放缩值】。

5.【对应线长/调校 X 值】

创建一个与缝合样片的线段长度匹配的放缩线段长度。这项功能在 x 轴(X)方向上创造一个增量值,并保持现有的 y 轴(Y)数值不变。

6.【对应线长/调校 Y 值】

创建一个与缝合样片的线段长度匹配的放缩线段长度。但该功能是在 y 轴(Y)方向上创造一个增量值,保持现有的 x 轴(X)数值不变。

7.【放缩点保持角度】

此功能可在一个点上创造一个放缩规则,使该点在所有尺码中的角度都与基准尺码保持一致,如图 2-79 所示。构成角的两根线段中,其中一根可以是内部线。

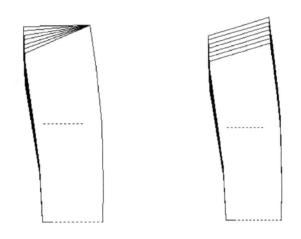

图 2-79　放缩点保持角度

8.【保持角度边/调校 X 值】

在一个点上创造一个放缩规则,以使该点的相邻角在所有尺码中的角度都与基准尺码保持一致。两根线段中的一根可以是内部线。

9.【保持角度边/调校 Y 值】

在一个点上创造一个放缩规则,以使该点的相邻角在所有尺码中的角度都与基准尺码保持一致。两根线段中的一根可以是内部线,如图 2-80 所示。

10.【保持角度边线延伸】

在一个点上创造一个放缩规则,以使该点的相邻角在所有尺码中的角度都与基准尺码保持一致。线段的长度可以针对所有尺码进行放缩。

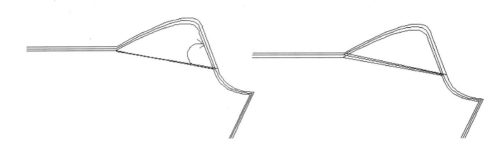

图 2-80 保持角度边/调校 Y 值

11.【平行放缩/调校 X 值】

在一个点上创造一个放缩规则,使交叉点的两根线段中的一根在所有尺码中互相平行。

12.【平行放缩/调校 Y 值】

在一个点上创造一个放缩规则,使交叉点的两根线段中的一根在所有尺码中互相平行。

13.【平行延伸】

在所有尺码中建立一根与基准尺码平行的线段,线段的长度可以在所有尺码中进行放缩。

14.【指定距离(沿线放缩)】

该功能能用于使剪口的位置沿着线段的方向按指定的距离进行放缩。

15.【交接/调校 X 值】

校正内部线与周边线相交点的放缩值,只对【X】放缩值校正,如图 2-81 所示。

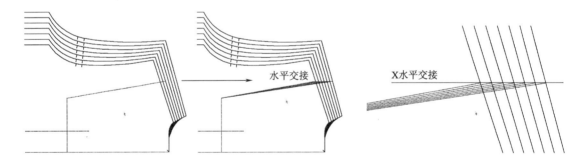

图 2-81 交接/调校 X 值

16.【平行放缩/调校 Y 值】

校正内部线与周边线相交点的放缩值,只对【Y】放缩值校正。

17.【平行交接/参考点】

在一个端点已经被放缩后,使用该功能找到内部线的另一个端点的【X/Y】放缩值,使内部线在所有尺码中保持平行,且与周边线相交,如图 2-82 所示。

18.【平行交接/定距离】

在指定移位量后,运用该功能找到内部线一个端点的 X 和 Y 放缩值,使内部线与放缩后的尺码的周边线相交,如图 2-83 所示。

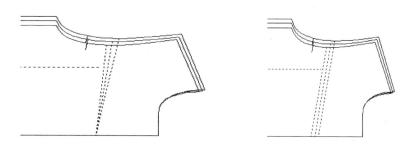

图2-82 平行交接/参考点

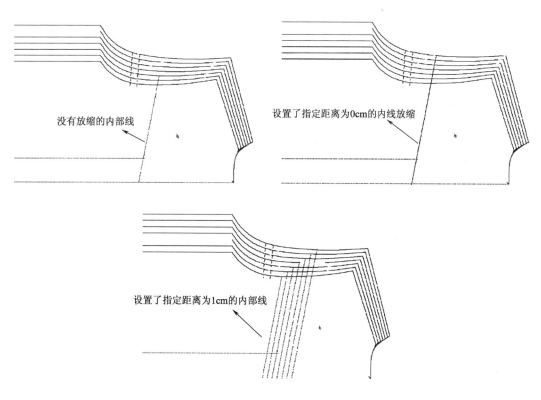

没有放缩的内部线

设置了指定距离为0cm的内线放缩

设置了指定距离为1cm的内部线

图2-83 平行交接/定距离

19.【内线相交放缩】

为两根放缩后的内部线的交叉点创造一个新的放缩规则,如图2-84所示。

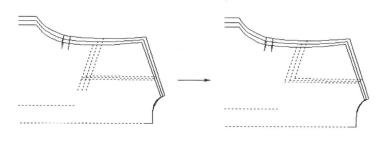

图2-84 内线相交放缩

20.【周边线相交比例放缩】

为一根内部线和另一根线的交叉点创造一个比例放缩规则。系统自动创造放缩规则并应用于内部线的端点,如图 2 - 85 所示。

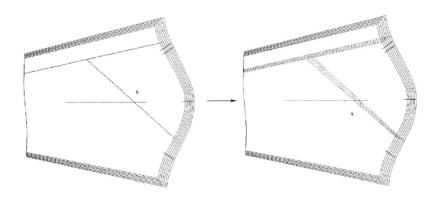

图 2 - 85　周边线相交比例放缩

二、【编辑放缩】

【编辑放缩】的功能菜单如图 2 - 86 所示。

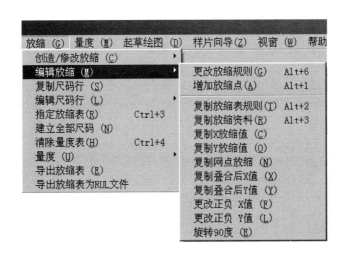

图 2 - 86　【编辑放缩】的功能菜单

1.【更改放缩规则】

修改当前工作区中显示的点的放缩规则。该放缩规则的编号必须已经在放缩表中存在。

2.【增加放缩点】

建立一个中间点并同时将其转化成一个放缩点。

3.【复制放缩表规则】

将现有放缩表中指定的放缩规则赋予某个样片。

4.【复制放缩资料】

在点与点之间或样片与样片之间复制放缩规则。

5.【复制 X 放缩值】

复制一个放缩点的放缩规则的【X】增量到另一个点上。

6.【复制 Y 放缩值】

复制一个放缩点的放缩规则的【Y】增量到另一个点上。

7.【复制网点放缩】

将一个网点的放缩规则所显示的增量复制于另一个点上。

8.【复制叠合后 X 值】

将一个网点的放缩规则所显示的【X】增量复制到另一个点上。这个功能与【叠合点开/关】功能配合使用,或被用于修改过的样片上(翻转、旋转/固定一点旋转)。

9.【复制叠合后 Y 值】

将一个网点的放缩规则所显示的【Y】增量复制到另一个点上。这个功能与【叠合点开/关】功能配合使用,或被用于修改过的样片上(翻转、旋转/固定一点旋转)。

10.【更改正负 X 值】

更改放缩规则【X】值的正负号。

11.【更改正负 Y 值】

更改放缩规则【Y】值的正负号。

三、【复制尺码行】

将尺码行从一个样片复制到另一个样片上。如果这个尺码行在一个样片上被编辑,则可以使用这项功能在相关样片上更新尺码范围。

四、【编辑尺码行】

【编辑尺码行】的功能菜单如图 2 – 87 所示。

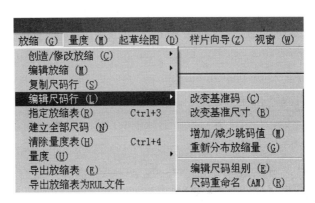

图 2 – 87　【编辑尺码行】的功能菜单

1.【改变基准码】

只改变样片的基本码,其他均不变化,如图 2 - 88 所示。

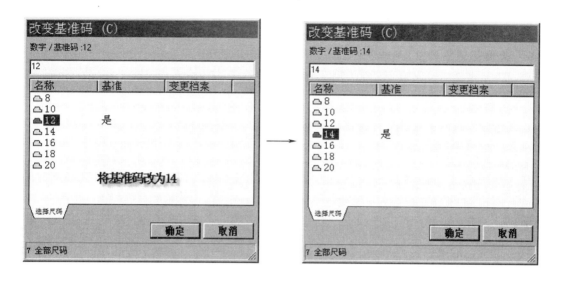

图 2 - 88　改变基准码

2.【改变基准尺寸】

将样片放缩尺码的某个尺寸作为样片基准码的尺寸。其他码的尺寸仍然按原来的档差量缩放得到。

3.【增加/减少跳码值】

跳码值的增加或减少只会增加或减少总的尺码数,而不会改变原有的尺码的大小,如图 2 - 89 所示。

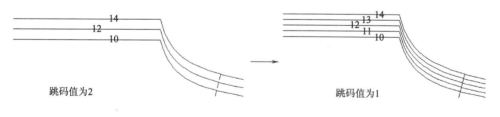

图 2 - 89　增加/减少跳码值

4.【重新分布放缩量】

将原有的【X/Y】放缩量改变成为另外一个跳码值。重新分布放缩量的功能会使得处理基准码以后的全部尺码发生变化,而尺码行也会随着新的跳码值进行更新。

5.【编辑尺码组别】

增加或删除尺码组别。对于带有英文字母、数字尺码行的样片而言,全部的尺码都被认为是尺码组别。对于采用数字尺码行的样片而言,只有某些尺码会被认为是尺码行,如图 2 - 90

所示。

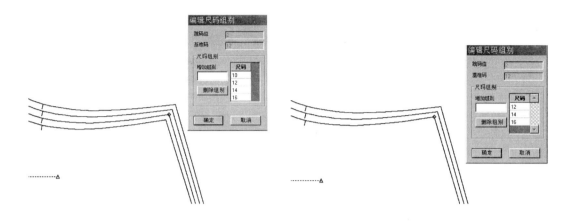

图2-90 编辑尺码组别

6.【尺码重命名】

将样片中所有的尺码,或特定的尺码进行重命名。只有使用英文字母、数字尺码范围的样片才可以使用这个功能,而带有数字尺码范围的样片的名称是不可以使用这个功能进行重新命名的。

五、【指定放缩表】

为样片指定一个新的放缩表。从而使样片按照新放缩表中的尺码和规则进行放缩。

六、【建立全部尺码】

为不同尺码的多个样片建立网状显示。

七、【清除量度表】

清除所有在使用了量度线段以后显示的图表。

八、【量度】

【量度】的功能菜单如图2-91所示。

1.【线段】

量取一个或者多个放缩样片的每一个尺码中的指定线段长度,如图2-92所示。

2.【两点距离/沿周边量】

沿周边线测量一个或者多个放缩样片中每个尺码上两点间的距离。

3.【两点距离/直线量】

量取一个或多个放缩样片的每一个尺码中的两点直线距离。

4.【两点距离/净版量】

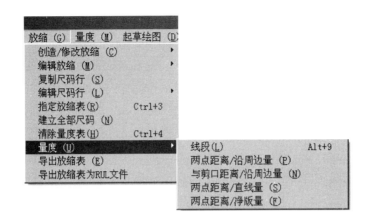

图2-91 【量度】的功能菜单

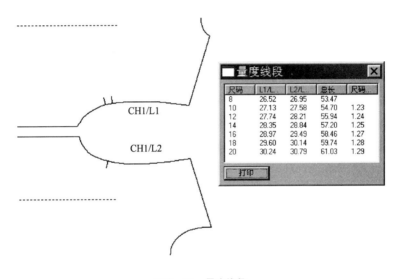

图2-92 量度线段

量取一个或者多个放缩样片的每一个尺码中缝制线之间的两点直线距离。即使所选的点在裁割线上,所量的仍然是缝制线之间的尺寸。

九、【导出放缩表】

向一个现有放缩表导出放缩规则。如果放缩表不存在,系统会生成一个新的放缩表。这个放缩表必须与有放缩规则的样片同样的基准尺码和尺码行。

十、【导出放缩表为 RUL 格式】

将放缩表导出为 RUL 格式。

第三章

格柏服装CAD排版

第一节　排版的基本规则和技巧

排版过程中如果采取合理的方法和技巧可大大提高工作效率,一般情况下遵循以下原则:

1. 先大后小

先排面积较大的样片形成基本格局,如上衣的前后衣片、裤子的前后裤片。大片排定后再排面积较小的样片,巧妙地填满空当,以获得最佳排料效果。

2. 齐边平靠

凡是有平直边的样片,无论主件、辅件、大件、小件都要尽量平齐靠拢,如上衣的门襟止口应靠于经纱布边,裤腰的直边应互贴、靠边,大贴袋两直线边并作一线。

3. 斜边颠倒

对于像前后肩缝、大小袖片、有斜边的样片,排料时颠倒其一,使两斜边顺向一致并成一线,可减少排料空隙,合理省料。

4. 交叉排列

对于样片形状凹凸、有弯弧或大小头的样片,为了减少排料图中的空隙,使样片尽量紧靠,可采用交叉排列和凹凸嵌套的方法。

5. 合理套排

服装工业生产每一批产品有品种、款式的不同,批量大小之分,号型规格之别。利用产品的不同品种和款式在造型、结构和样片面积上的差异,不同号型规格件数的搭配,以及产品的生产量和布料的幅宽、长度等进行合理套排,可达到节省布料的目的。

6. 合理切割

为了提高布料的利用率,可对次要的样片的某个部位进行切割处理。服装 CAD 系统内有专门的切割样片工具,经切割处理的样片可自动加放缝份,但不宜再做旋转或翻转处理。切割处理后的样片还可自动合并复原。

7. 倒顺排料

素色和不规则印花布料为无方向性布料,排料时可以不考虑倒顺问题。但是有的布料带有明显的方向性视觉效果的图案,或存在明显的倒顺绒色差等,如有上下感的植物、动物、人物、山水图案等,具有明显的方向性。这种布料排料时要求花形图案的主体方向必须与人体垂直方向一致,特别是专用裙料,底摆一侧图案密集、色彩浓重。排料时对样片进行翻转或旋转时应注意布料的倒顺识别。

此外,对于毛料布料和经过扎光整理的布料也需注意倒顺毛识别和倒顺光识别。防止出现"顺片"或"倒顺毛"现象。倒顺毛是指织物表面绒毛有方向性的倒向。倒顺光感是指有些织物表面虽不是绒毛状,但经后处理工艺而出现倒顺光感现象,即织物倒顺两个方向的光泽不同。倒顺毛的布料在排料时一般为全身顺向一边倒,长毛原料全身向下,顺向一致。此类布料有三种排料方式:

顺毛排版:绒毛较长,如长毛绒、裘皮等倒伏较明显的布料,一般顺毛排版,毛峰向下一致,效果光洁顺畅、美观。

倒毛排版:绒毛较短,如灯芯绒等织物可以倒毛方向排版,色彩显得饱满、柔顺。

倒顺组合排版:对于一些倒顺没有明显要求的材料可以一件倒排一件顺排。

第二节　排版资料及自动排版

一、注解档案

注解档案主要用于设置排版图中要显示的内容,如在排版图或纸样上显示排版图的名称、幅宽、样片的尺码、布料使用的长度、布料利用率等信息,如图 3-1 所示。

1. 优先

输入的相应注解信息会打印在所有样片上。

2. 注解

可以直接输入注解代码或者可以按右边的查找按钮,在一览表中选择,如图 3-2 所示。

注解说明:

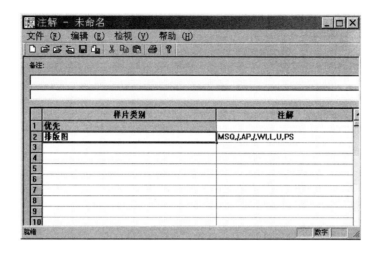

图 3 - 1 注解档案

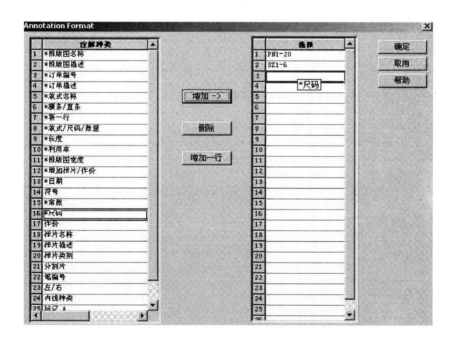

图 3 - 2 注解窗口

①多个注解代号之间必须以逗号分开,而且在注解代号之间不能有空格分隔。输入实例: PN1 - 20,SZ1 - 6。

② 如果注解中需要换行要设定:",/,"。

③如果在注解中需要有常数:其中"常数"代表要写的具体内容。

④如果需要在样片上注明左/右片,在注解中设定为:"L、R",绘图输出时,会在左片上注"L",右片上注"R"(注意:系统会默认读图样片为左片)。

3. 排版图

在绘制排版图的时候在排版图边界打印特别的信息。在注解种类中,带"*"的注解除"常数"和"尺码"外,它一般均用于排版图注解。

4. 不同的内部资料使用不同的标记字母

内部线的注解:LT0　不画线

LT1　画实线

LT2　画虚线

注意:注解内部线时,如果需要写常数,可以注解为:LBA,"常数"。

内部钻孔的注解:Syxxhh(其中 xx 表示符号形状,hh 表示符号大小)

xx:74　"+"符号

69　"*"符号

88　"○"符号

89　"□"符号

90　"◇"符号

二、排版放置限制

排版放置限制是设置排版过程中样片所受的限制,如布料有倒顺毛时,设定样片不能旋转180°,及选择拉布形式等,如图 3－3 所示。

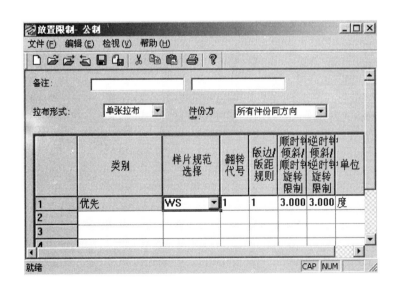

图 3－3　排版放置限制

1. 拉布形式

(1)单张拉布

正面朝同一方向,如图 3－4 所示。

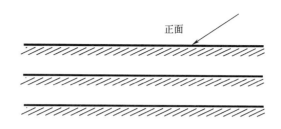

图3-4　单张拉布

（2）面对面拉布

合掌拉布，如图3-5所示。

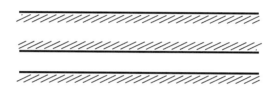

图3-5　面对面拉布

（3）对折拉布

多用于西装单量单裁。先将布料幅宽方向对折，然后再按面对面拉布的形式铺布。

（4）圆筒拉布

多用于针织布。

2. 件份方向

件顺：交替方向显示，即一件朝左，一件朝右。一般，当布料没有毛向时，会使用这种方式。这种方式的件份在排版图中可旋转180°。

所有件份同方向：所有的件份均朝同一方向。一般布料有毛向，如灯芯绒，多用这种方式。

同尺码同方向：相同尺码的件份朝同一方向。一般用于对倒顺毛要求不是很高的时候。不同的尺码可能是不同的方向。

3. 类别

"优先"：所有样片按照优先的样片规范设定，除非进行特定样片类别的设定。对于特定样片类别设定：输入样片类别，如："F"、"CUT"等。

4. 样片规范选择

选择右边下拉菜单，在相应选项前的方框中打上"√"。

M　主片，一般用于对特定样片类别的设定，可以设定某些样片为主片，这些样片以外的样片，系统会自动设为小片，在排版和自动裁床上，会有相应的功能，如：裁床上可以设定"首先裁割小片"和"慢速裁割小片"。

W　一顺向样片，允许沿 x 轴（X）进行翻转，但是不可以旋转。一般是否可以旋转和件份方向有关。

S 容许 180°旋转,不可翻转:是否可以翻转和拉布方式有关。

9 容许 90°旋转。

4 容许 45°旋转。

F 容许对称片折叠:只有设定为对折拉布或者圆筒拉布才可以使用这个设定。

O 额外片,可以不放置。

N 这片不用绘制,一般用于对特定样片类别的设定。例如:对于 AP700 绘图机裁割纸版,使用 U 型框,样片无需绘制,主要是设定样片放置范围。

X 这片不用裁割,主要用于裁床。

U 面积不会计算在排版图中。

Z 样片可以容纳于拉布驳布符号中间。

5. 翻转代号

样片输入排版系统,如何调整朝向。一般系统默认为"1"(原本读图位置),如果需要样片朝向改变,可以进行相应的选项。

6. 版边版距规则

设定需要的版边版距的规则编号,结合于【版边版距档案】。

7. 顺时针倾斜旋转限制

设定排版中可以顺时针倾斜旋转的最大数值。

8. 逆时针倾斜旋转限制

设定排版中可以顺时针倾斜旋转的最大数值。

9. 单位

设定倾斜旋转的单位。

三、款式档案

款式档案主要用来设置进行排料的样片名称、样片类别及样片的数量等,如图 3 - 6 所示。

1. 样片名称

选择该款式中的所有样片,在选择的时候可以使用【Ctrl】或者【Shift】键进行多选,选择完成后,选择【打开】即可。

2. 类别、描述

可以在款式档案中直接修改样片类别和描述,修改后的内容将自动应用于样片。

3. 布料

设定每个样片用于何种布料排版。在设定布料代码时,必须为一位英文字母或者数字。

4. 翻转(图 3 - 7)

" - - "表示读入状态的样片数量。

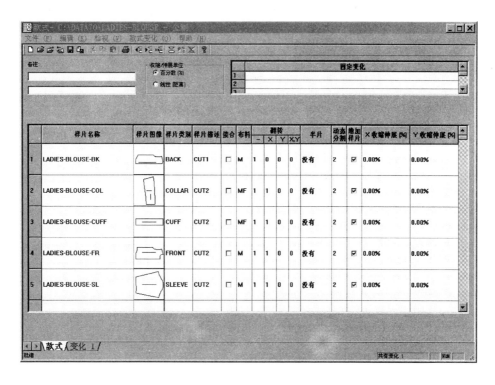

图 3-6 款式档案

"X"表示样片沿 x 轴翻转的样片的数量。

"Y"表示样片沿 y 轴翻转的样片的数量。

"X,Y"表示样片沿 x/y 轴方向翻转的样片的数量。

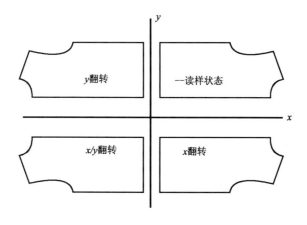

图 3-7 样片翻转

5.半片

用于面对面拉布的排版中。因为面对面拉布排版时,只提取"--"的样片,对于对称片而言,样片就会多出 1 倍,因此,需要设定样片共享半片。

设定时分为以下三种情况：

"没有"：没有共享半片。

"相同方向"：只有在两个件份方向相同时，才可以产生共享半片。

"任何方向"：无论什么方向，都可以产生共享半片。

6.动态分割

在排版中样片允许动态分割的次数。

7.增加样片

排版中该样片是否能够增加样片。

8.X 收缩/伸展量、Y 收缩/伸展量

X 和 Y（收缩伸展量）支持正数值或负数值。通过选择收缩/伸展单位单选按钮，数值可设置为百分数或线性值。每个样片的 X 和 Y 值可互不相同，这些数值与款式资料保存在一起。

9.变化

当样片达到某一尺码时，样片发生了变化，主要是款式的变化，例如：增加省道，活褶等。

款式变化中有关尺码和样片名称等设定，如图 3－8 所示，这些设定可以用来增加或者删除样片。

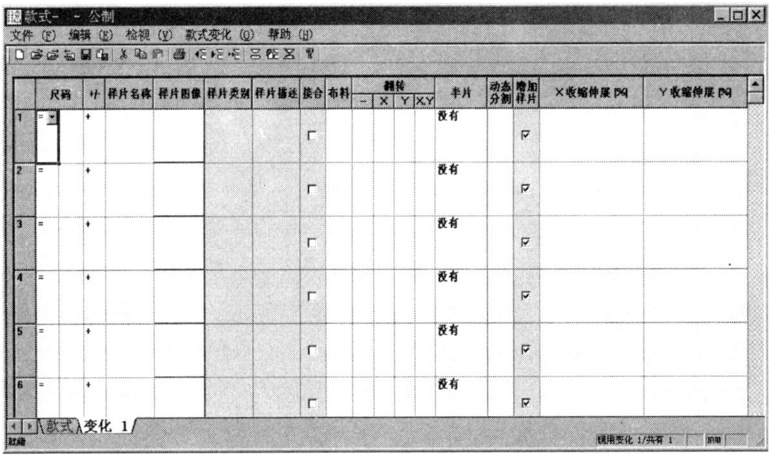

图 3－8　变化

四、排版规范档案

排版规范档案主要用来设置排版图的名称、宽度、放置限制等，如图 3－9 所示。其中，排版图、宽度、放置限制、注解档案、款式是必选项，其他根据具体情况而定。

1.排版图名称

设定产生的排版图名称。一般在设定时，名称中可包含款号、尺码、搭配状况等信息。系统默认排版规范档案名称就是排版图名称。

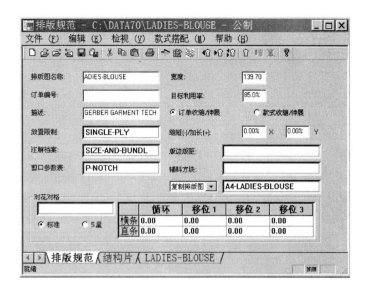

图3-9　排版规范档案

2.订单编号和描述

根据具体情况设计相应的内容。

3.放置限制

通过右侧的查找按钮,选择排版图需要的排版放置限制档案。

4.注解档案

通过右侧的查找按钮,选择排版图需要的注解档案。

5.剪口参数表

通过右侧的查找按钮,选择排版图需要的剪口参数表。

6.宽度

设置布料的宽度。

7.目标利用率

排版图中会在设置的目标长度的位置自动产生一条虚线作为提示。

8.订单收缩/伸展

主要是设定布料的缩水率。X 为经向,Y 为纬向。

9.款式收缩/伸展

使用款式档案中设定的收缩/伸展。

10.版边版距

根据需要选择相应的版边版距档案。

11.复制排版图/强制执行排列方式/排列方式搜寻表

根据需要选择相应的选项。在相应的位置填入或者选择需要的排版图或者排列方式的名称。

(1)复制排版图

参照现有排版图的样片放置来生成一个新的排版图。

(2)强制执行排列方式

可先保存某个排版图的排列方式,设定新排版图的样片参照排列方式中样片的排列位置。

(3)排列方式搜索表

使用该搜索功能可以找到包含有特定特性的排列方式。

12.款式

设定款式、尺码搭配等相关内容,如图3-10所示

图3-10 款式

(1)款式名称

选择排版中需要的款式档案。

(2)布料种类

输入布料种类的代码,与款式档案中的代码要相一致,如若此项设置不填,会将所有样片输入排版图中。

(3)增加片/件份

设定排版过程中是否需要增加片/件份。

(4)尺码

输入排版需要的尺码。

(5)数量

相应的尺码需要产生的件份数量。

(6)方向

指定排版图中每个尺码的显示方向。【没有】表示尺码/件份将参照放置限制表中给出的方向。"左"表示尺码/件份按照最初读入时的方向进行显示。"右"表示尺码/件份将按照最初读入时的方向再旋转180°后进行显示。

(7)主片种类

【半片】用于面对面拉布,款式中设定了半片共享。当选择了这项后,下面输入"数量"和"方向"列中间会自动增加"主片"列,主片中设定时,要设定较大尺码为主片。样片输出至排版图中,设为半片的样片只显示设定为主片尺码。

【叠裁】用于大小码重叠裁割。在主片中设定时,要设定较大尺码为主片。样片输出至排版图中,样片显示为主片的样片。

【没有】指没有半片和叠裁。

(8)款式变化

选择款式档案中需要的款式变化。

(9)款式搭配

如果排版图中有多个款式则需用"增加搭配"来添加多个款式。

五、产生排版图

在储存区内选择排版规范档案右键产生"排版图"。执行过程中有可能不成功,如图3-11所示。

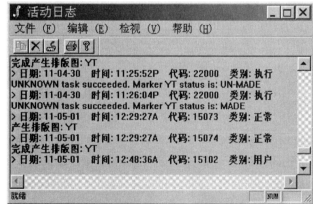

图3-11 活动日志

造成排版图执行出错的常见原因有:

①样片中出现重复的类别。

②排版规范档案中设定的尺码与样片上尺码不符。

③没有样片,样片不存在,款式档案中没有设置样片数。

④排版规范选项中覆盖排版图设置为"否",当出现同名排版图时,新的排版图不能产生。

六、自动排版

在储存区内选择排版图右键【打开→自动排版】,然后单击【执行】按钮即可,如图 3 - 12 所示。

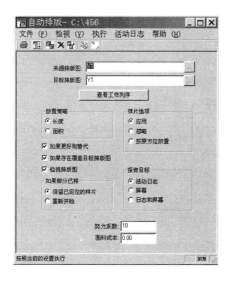

图 3 -12 【自动排版】对话框

第三节 排版常用工具介绍

在产生排版图的基础上,双击启动面板中的排版图标 进入排版系统,点【文件→打开】或单击常规工具栏的【打开】按钮 ,打开产生的排版图,打开后排版系统界面如图 3 - 13 所示。排版系统的操作界面主要由菜单、常规工具栏、样片选择区、排版工具栏、排版工作区、排版图、排版图资料等组成,下面简要介绍各部分的常用功能。

一、菜单功能

1.文件菜单

文件菜单主要包含【打开】、【保存】、【打印绘图】等三个功能模块。【打开】和【保存】命令与通用软件相似,其中【另存为图片】功能可以将排版图保存成位图图片。排版完成后,可以选择【打印】命令使用普通打印机打印小图;选择【绘图】命令,将绘出 1:1 排版图,若是格柏绘图仪可直接输出,若为其他型号绘图仪可以先生成 PLT 绘图文件,然后放入该绘图仪的

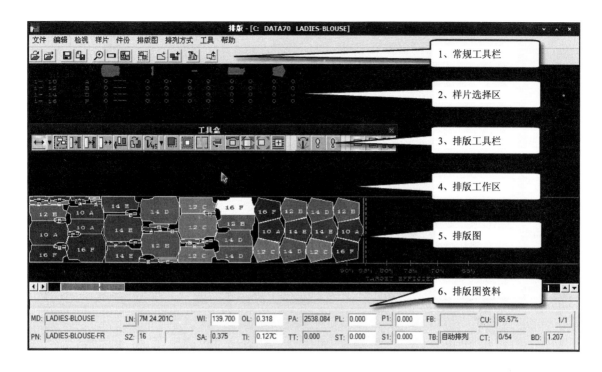

图3－13　排版系统界面

绘图中心进行排版图的输出;选择【产生裁割资料】,可根据需要生成电脑自动裁床文件或直接裁剪布料。

2.编辑菜单

编辑菜单主要包含【复制到剪贴板】和【设定】两个功能模块。【复制到剪贴板】有两种方式,一种是位图方式,另一种是以矢量图方式。【设定】功能模块涉及命令较多,简单介绍如下。

【重叠量】:设定排版图中样片的重叠量,可在排版图资料栏【OL】输入。

【倾斜量】:同排版图资料栏【TL】。

【设定】:能够对工作环境进行设定,界面如图3－14所示。

(1)【总体设定】

①【自动储存排列方式】:如果选中此项,系统在储存排版图的时候,会自动储存排列方式,并且名称和排版图的名称一致,如果排版图另存成新的排版图,就不会覆盖原有的排列方式。

②【合并后删除】:当一个或多个排版图进行合并,对原有的排版图所做的处理(是、否、提示)。建议选择【提示】。

③【对花对格样片】:包含三个选项,若选择【反方向对格】,当样片进行180°旋转或者翻转后,系统会自动保持样片原有的对花对格规则。这个功能只对于均匀的横条或者直条的样片才有效;若选择【静态版距】或【动态版距】,则可开启或者关闭对带版距的样片的对花对格操作;如果全部未选中,则带版距样片的对花对格功能关闭。

图 3-14 【设定】界面

④【步移量】:为排版工具栏中 ⟩⟩ 【步移样片】设定的移动量。键盘中操作的样片移动量就是在这里设定的,如键盘上的【=】键让样片向上微移一次,【[】键让样片向左微移一次,【]】键让样片向右微移一次,【'】键让样片向下微移一次。

⑤【间隔量】:为排版工具栏中 ◻ 【间隔样片】设定的间隔距离。在放置样片的时候,按键盘上的【F】键,所移动的样片与相邻样片的间隔量就是在这里设定的。

(2)【样片显示】

①【定位片填色】:选中此项,定位片会填充颜色,不同的件份会显示不同的颜色;未选中,样片显示为白色线条轮廓,不同的件份没有区别。

②【样片高亮显示】:选中此项,光标接触到样片时,样片会高亮显示;未选中,光标接触到样片时,只有样片的轮廓会高亮显示。

③【剪口】:排版图中的样片上是否显示剪口。

④【折叠后增加样片】:系统推荐选择,当样片进行对折,系统会自动增加样片。

⑤【方位符号】:显示样片的经向和纬向方向指示标记,当样片超出放置限制时,该样片上

会显示星号。

⑥【内部资料】:下拉控件中包括【关】、【优先】、【全部】三个选项。【关】表示样片不显示内部资料;【优先】表示当样片移动时不显示内部资料,定位或者不定位状态都会显示;【全部】表示样片移动时也会显示内部资料。

⑦【注解档案】:下拉控件中包括【没有】、【优先】、【全部】三个选项。【没有】表示样片不显示注解;【优先】表示每个样片上都会显示注解;【全部】表示当有叠裁或者半片时,样片上会将两个尺码一起显示。

(3)【对花对格】

①【标准】:使用水平和垂直线来确定对花对格的位置。

②【五星】:使用类似加号的符号(+)显示对花对格的位置。在确定一个对花对格位置时,输入一个横条和直条的循环值,则在交叉点显示星号,并在四个星中间,即格子的中心位置,显示第五颗星。

③【使用格子组】:设定样片按照哪个格子组进行对花对格,可通过移位 1、2、3 设置格子组。常用于阴阳格的布料。

(4)【排版图显示】

①【图像单显示】:在图像单中显示样片轮廓及样片的数量、款式号码、尺码、件份代号以及左右样片的数量。

②【样片显示】:在图像单中显示要排版的所有样片。

③【对花对格】:下拉控件中包括【关】、【活跃的】、【全部】三个选项。【关】表示不显示格子;【活跃的】表示只显示【使用格子组】设定的格子;【全部】表示将所有的格子组都显示出来。

④【分色区】:一般用于布料边色差的设定,最多可以设定 7 个分色区,系统根据设定的分色区数量,自动在布宽上显示分色区的线条。图 3 – 15 所示为分色区为 4 时的排版区。

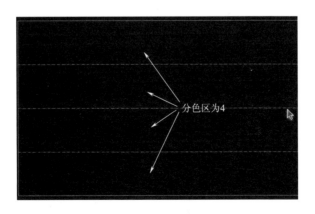

图 3 – 15　分色区

⑤【件份】:件份编号的依据有【排版图】和【款式】两个下拉选项。

【排版图】表示多个款式,编号依次编排。

款式1:A　B　C

款式2:D　E

【款式】表示按照款式进行编排。

款式1:A　B　C

款式2:A　B

⑥【颜色】:下拉控件中包括【件份】、【样片编号】、【尺码】三个选项。用于区分排版图中样片的颜色。

(5)【驳布符号】

驳布符号主要用于铺布,保证在铺布接驳的位置上有完整样片。

①【最短长度】:驳布符号允许的最小长度。

②【最长长度】:驳布符号允许的最大长度。

③【边距】:接驳符号两端增加的距离,即样片距布匹分割位置的距离。

④【分隔距离】:排版图边界和驳布符号开始绘制位置之间的距离。

⑤【显示】:设定是否在屏幕上显示驳布符号及显示的位置。

⑥【拉布接驳注解】:是否在驳布符号上加注解。

(6)【辅料方块】

①【方块尺寸】:在方块的边界上自动生成的边距。

②【缩小尺寸】:方块的尺寸将会减去在这里输入的尺寸。

③【增加剪口】:如果选择此选项,在方块的选停点处会设置一个剪口。此剪口用于为最后的裁割工序确定方块的方向。

3.检视菜单

(1)【下一页菜单】

图像单翻页。

(2)【局部放大】

放大工作区的一部分。

(3)【整体显示】

用来缩小排版图的图像,显示整个排版图。

(4)【比例切换】

转换排版图显示的比例,选中一次可以扩大排版图的显示,再选中一次就会让排版图的显示回到原来的尺寸(使用鼠标滚轮可以放大缩小排版图)。

(5)【刷新显示】

刷新屏幕。

(6)【工具盒/排版图资料】

切换工具盒和排版图资料的显示/隐藏。

（7）【参数】

设定单位（公制/英制）及精确度。

（8）【排版图活动日志】

现在排版图的检视菜单中可以直接查看活动日志文件。

4.样片菜单

（1）【增加样片】

在排版图和款式允许的前提下，在排版过程中增加样片。增加的样片会在注解中呈【－－－】显示，件份的代码会依次编制，如图3－16所示。

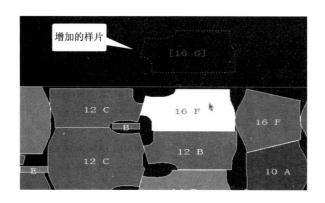

图3－16　增加样片

（2）【删除样片】

只能删除使用增加样片功能生成的样片，原本定制的样片不能被删除。

（3）【退回】

包含【全部】、【未定位】、【件份】、【一片】四个子命令。【全部】表示将工作区里的所有样片（包括定位片和未定位片）退回图像单中的原位置；【未定位】表示将工作区内的所有未定位的样片退回图像单中的原位置，一般当发现样片漏排，却找不到样片的时候，多采用这种方式；【一片】表示将选定的某一片样片退回图像单；【件份】表示将选定的某一件份退回图像单。

（4）【不定位】

包含【全部】和【小片】两个子命令。【全部】表示将全部样片的状态改变为未定位，但不会影响样片在排版图中的位置；【小片】表示排版图中所有的小片不定位，这里指的小片是在排版放置限制中，设置为主片（M）以外的所有样片。

（5）【结合样片】

包含【建立】、【修改】、【删除】、【全部删除】四个子命令，将某些样片组成整体，一起进行操作。【建立】表示为排版图中的定位样片、未定位样片、或者这两者的集合建立结合的关系；【修改】表示对已有的结合样片，增加或者减少样片；【删除】表示解除结合样片的结合关系，样片成为独立的个体；【删除全部】表示将排版图所有的结合样片删除。

（6）【版边】、【版距】、【使用版边/版距】

增加的版边/版距为动态版边/版距的量。如选择【使用版边/版距】命令，用鼠标左键单击目标样片，系统弹出【样片使用版边/版距】对话框，设置完成后按【确定】，样片就加上了指定尺寸的版边/版距，如图 3 - 17 所示。

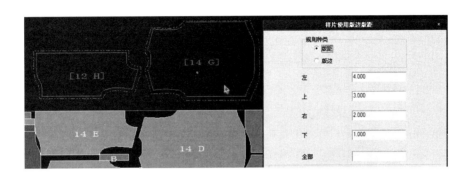

图 3 - 17　版边版距设计

（7）【动态分割】

对样片进行分割。【手动】表示确定分割位置，一般在无需确定具体位置的时候可用此方法；【从左（右/上/下）边量】表示由样片的指定方位开始对样片进行分割，可以输入具体的距离，也可输入百分比；【合并】表示将分割的样片合并起来。

（8）【动态变更】

排版过程中对样片进行变更，但在排版规范中有相应的动态变更档案。

5. 件份菜单

在 Accumark 系统中，【件份】是指组成整件服装或产品所需要的一组样片。例如组成号型为 160/84 的衬衫的所有样片将在样片选择区中构成一个件份。件份菜单中的命令适用于样片选择区或已经在排版图上定位的件份进行操作。

（1）【增加】

排版过程中增加某一特定件份。选择该命令后，左键点某一件份中的一个样片，在排版图上方的工作区中会增加件份，如图 3 - 18 所示。

（2）【删除】

只能删除通过增加件份功能增加的件份。

（3）【退回】

功能类似于【退回图像单】→【件份】。

（4）【不定位】

设定某一件份的样片变成不定位样片。

（5）【翻转】

将排版图中的一个件份沿水平或垂直方向进行翻转（沿着 x 轴和 y 轴），如图 3 - 19 所示。

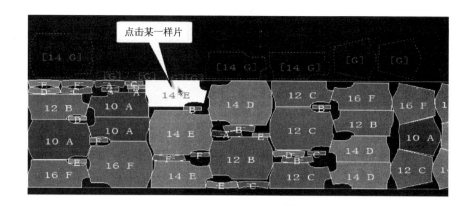

图 3 – 18 增加件份

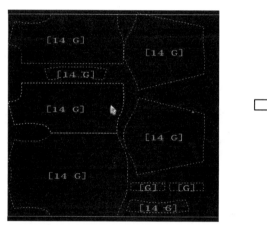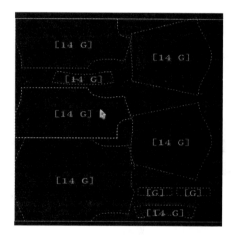

图 3 – 19 件份翻转

（6）【提取】

从图像单上提取整个件份。

（7）【翻转至原位】

将翻转过的件份中的全部样片恢复到原来的位置。

6. 排版图菜单

（1）【退回全部样片】

功能类似于【样片】→【退回图像单】→【全部】。

（2）【复制排版图】

将一个相似排版图内的样片定位复制到当前的排版图中来。如果一个排版图 A 排好后，发现样片错误，就可以利用复制排版图功能将改好后的样片。重新生成排版图 B,而不需要再一片一片的来排版,操作方法如下：

①修改出错的样片,储存。

②提取旧排版图 A 的排版规范档案。注意:如果直接执行排版规范,就会与原有排版图 A 同名,如果覆盖了 A,就不能进行复制。

③排版规范的名称改名为 B(或者将原有排版图 A 改名)。

④执行排版规范,产生排版图。

⑤提取新的排版图 B,【排版图】→【复制排版图】,排版图中的样片是正确的样片,并且排版图的排列与原排版图相同。

(3)【合并排版图】

将多个排版图合并成一个排版图。合并的排版图必须有相同的宽度、对花对格类型。如果排版图不能合并时,系统会提示相应的错误。

(4)【分割排版图】

将一个排版图分割成两部分,被分割出的部分为未定位片,而且自动生成为结合样片,如图 3 –20 所示。

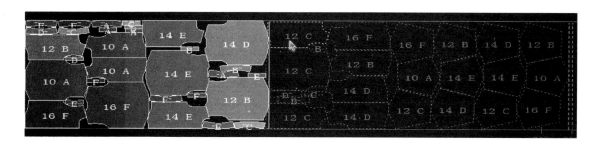

图 3 –20 分割排版图

(5)【翻转排版图】

整个排版图进行翻转。沿 x 轴为上下翻转;沿 y 轴为左右翻转;x/y 轴为上下和左右翻转。例如,排版图经常会出现枪形排版图,可以利用【翻转排版图】,再进行排版图合并,是枪形位置交叉,提高利用率如图 3 –21 所示。

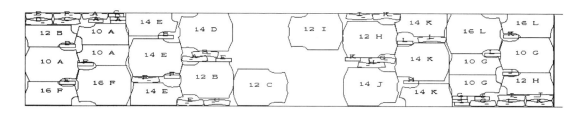

图 3 –21 翻转排版图

(6)【接驳符号】

此功能可以根据【设定】中所做的设置在排版图中增添接驳符号。其中,【自动】表示在排版图相应的位置产生接驳符号,接驳符号的产生和设定中的设置有关;【删除】表示可将不需要的接驳符号删除;【删除全部】表示将全部接驳符号删除。

（7）【布料属性】

可对排版图的宽度进行调整。横条和竖条的循环和位移值也可在此进行修改,修改完成后可以在【设定】中选择对花对格是【标准】或【五星】。

布宽:可更改排版图布宽,同排版图资料【WI】。

横条:设置循环/移位,相当于排版图资料中【PL】,【P1】,【P2】,【P3】。

直条:设置循环/移位,相当于排版图资料中【ST】,【S1】,【S2】,【S3】。

7. 排列方式菜单

使用【排列方式】菜单中的命令,可以创建、编辑和储存固定及滑动的排列方式。排列方式使AccuMark重建以前完成的排版图。这里有【固定】和【滑动】两种排列方式,【固定排列方式】记录了每个样片在排版图中的初始位置;【滑动排列方式】记录了样片定位到排版图的运动过程。

（1）【固定】

①【搜寻】:为正在显示的排版图中的排列方式选择排列方式搜寻参数表。

②【应用】:为正在显示的排版图指定排列方式,功能类似于排版规范中的强制性排列方式。

实例:与复制排版图的目的相同。先将原有的排版图储存排列方式,在执行中与复制排版图不同之处是,不需要更改排版规范或者排版图的名称。

（2）【滑动】

①【建立】:可以保存样片放置到排版图的运动信息,其功能如图3-22所示。

图3-22　建立滑动排列方式

将样片定位的操作退回一步。

将样片定位的操作前进一步。

在两步之间插入一个样片定位的操作。

删除前面的一个步骤。

储存排列方式。

使用排列方式搜寻参数表中的条件来储存该排列方式。建议使用系统自动生成的排列方式名称。

取消并退出建立滑动排列方式的操作。

②【修改】:对现有的滑动排列方式进行修改。

③【搜寻】:为正在显示的排版图中的滑动排列方式选择排列方式搜寻参数。

④【应用】:为正在显示的排版图指定滑动排列方式。

8.工具菜单

(1)【并排】

经常用于排列比较规则,并且样片比较多的小片排版。系统将记录所有选择的尺码以及对这些样片进行定位的顺序。并且这些样片的定位顺序可以用于同一尺码的其他样片。因此在使用此功能的时候要求一个尺码必须有2件份以上样片。

①【建立】:将需要系统记录定位的样片设定为并排。执行此命令后,在样片选择区选择需要并排的样片滑入排版区,如图3-23所示,点击【确定】完成操作。

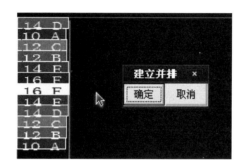

图3-23　建立并排

②【修改】:对于并排进行增加或减少样片。

③【删除】:取消并排。

④【应用】:将并排的样片定位应用于相应的尺码样片。

⑤【向上/右/下/左端排列】:设定使用并排时并排样片放置在排版图的位置。

(2)【碰撞线】

在排版图中生成垂直或者水平的碰撞线,用来限制样片在滑动放置时的位置。可以将选中的样片放置在一根碰撞线的正上方,然后将其滑入相对位置,这样就可以解除该碰撞线对它的限制。

①【垂直】:在排版图上生成垂直碰撞线。选择此命令后,系统会弹出设定对话框,如图3-24所示。在输入框中输入垂直碰撞线距排版图左边沿的距离后,按【确定】完成。垂直碰撞线一般用于分床铺布,在排版图上设定分床的位置。

图3-24　输入垂直碰撞线位置

②【水平】:在排版图上生成水平碰撞线。生成方法与【垂直】相同。通常用于布料上有明显的边色差时,根据具体情况确定放置位置。非主要样片可以放在色差比较大的位置,服装的正身或在表面的样片不能放在色差严重位置。如图 3 – 25 所示。

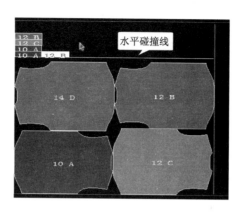

图 3 – 25　水平碰撞线应用实例

③【手动】:手动确定碰撞线位置,一般用于画出布料的残疵位置。

④【注解】:在碰撞线上标注注解说明。

⑤【删除】:将不需要的碰撞线删除。选择该命令后,左键单击要删除的碰撞线即可。

(3)【辅料方块】

特别适用于需要对布料进行热熔黏合的衣片,例如衣领和衬里。将样片做成辅料方块后,粘衬,然后再裁割。或者对于某些衣领,为达到准确,可先做成辅料方块,再利用冲床进行冲压。

①【建立】:可以根据需要设定长方形,或者为了达到提高利用率的目的,沿样片周边手动设定。选择该命令后,系统弹出【辅料方块】对话框,在目标样片上单击左键,边线变成实线后,点击对话框中的【长方形】或【手动】按钮。若按【长方形】按钮,系统将样片设定为一长方形块;若按【手动】按钮,则需用鼠标依次点击样片周边线,绘制出自定义的形状,如图 3 – 26 所示。

②【修改】:可对已有的辅料方块进行修改。

③【复制】:对辅料方块进行复制,有两个前提条件:a. 复制的样片实际存在。b. 系统允许增加样片。

④【删除】:取消辅料方块。

⑤【删除全部】:取消排版图中的所有辅料方块。

⑥【建立辅料排版图】:使用这个命令可以将原型排版图中使用创建方块命令生成的一组方块复制到辅料排版图中去。在生成了辅料排版图后,实际的方块尺寸将有可能小于原来的辅料方块尺寸。这可以在用户环境参数表的辅料方块中的缩小尺寸域中进行设定。

(4)【量度距离】

①【样片至样片】:量度两个样片之间的距离。

②【样片至布边】:量度某个样片距离边界线的距离。

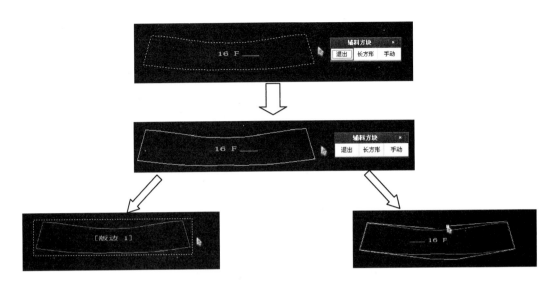

图 3-26　建立辅料方块

③【点至点】:测量两点之间的距离,一般用于估算某区域面积。

二、样片选择区

进入排版系统后,各样片以图标的形式显示在样片选择区中,如图 3-27 所示,前三列显示的数据分别是各样片的款式代码、尺寸和相应的件份代号信息。各样片图标下面的两列数字表示样片各号型排版的数量,在数字不为零的情况下,鼠标左键单击样片下方的数字,就选择了一个样片,对应的数量值就减少一个,并且样片将以虚框的形式跟随光标,在工作区或排版图区单击左键,虚框样片将停留在点击位置等待排版。此外,还可以右键框选一组样片并放入排版区进行排版。样片图标下面显示的三条水平短线表示该样片没有对称片。

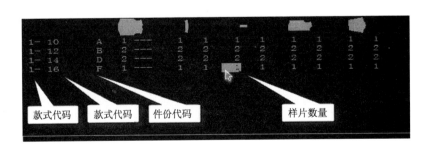

图 3-27　样片选择区示意图

三、工作区与排版图中操作方法

当从样片选择区选择的样片移到工作区或排版区后,在样片上按住鼠标左键,拖出一条直线,如同橡皮筋一样,弹射到排版区,放开鼠标左键后,样片会自动沿着该直线的方向移动,直到碰到其他样片或排版区边缘为止,如图3－28 所示。

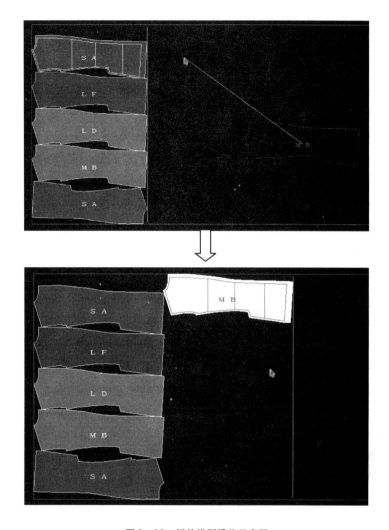

图3－28　样片排版操作示意图

四、排版图资料区

排版系统下方区域为排版图资料区,用于显示当前排版的相关信息。下面简要介绍各代码的含义:

MD:显示选中样片的款式名称。

PN:显示选中样片的样片名称。

LN:显示排版图当前长度(点击 LN 按钮可进行米、厘米及英寸和码的转换)。

SZ:显示选中样片的尺码,与尺码域相邻有一个空的灰色框,用来显示特定的样片特性。

BU:带版距。

BL:带版边。

AL：翻转的。

OL：重叠的。

WI：显示了目前排版图的宽度，可进行编辑。

SA：显示在排版图中分割样片后所指定的缝份值，在【排版规范选项】中设置，排版过程中不能更改。

OL：样片重叠量，可以进行编辑。

TI：用"度"来表示的样片倾斜量，可以进行编辑。

PA：样片面积。

TT：用"厘米"来表示的样片倾斜量，可进行编辑。

PL：对花对格横条循环（横条和直条是对于布料而言的，横条为纬向，直条为经向）。

ST：对花对格直条循环。

P1，P2，P3 按钮：设置横条偏移量。

S1，S2，S3 按钮：设置直条偏移量。

TB：显示工具列和被激活的功能。

CU/TU：CU 代表了当前排版图利用率，是定位样片的总面积和排版图总面积之间的比例。TU 代表了总体的排版图利用率，是所有样片（包括定位和未定位）的总面积和排版图面积的比例。

$$CU = \frac{排版图内样片面积}{排版图长度 \times 宽度} \qquad TU = \frac{全部样片面积}{排版图长度 \times 宽度}$$

CT：显示未排样片和已排样片的数量。

五、排版工具盒

排版工具盒是排版过程中配合鼠标右键执行额外功能的命令集合，工具盒的功能均使用鼠标右键实现操作。工具盒中可以为用户实现排料目标提供若干实用的命令，各个命令的分布如图 3-29 所示。其中，自动排列和旋转按钮的右侧有下拉箭头，点击后可以显示更多的类似功能，用来控制在样片上的应用。所选中的功能在排版图资料区的"TB"框中显示。下面简要介绍工具盒中各个功能按钮的使用。

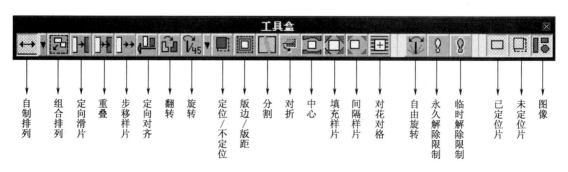

图 3-29　排版工具盒

1.【自动排列】↔

该按钮的作用是将用户弹入排版图区域中的一个或一组样片进行自动排列定位,具体的操作方法和步骤如下:

①点击此按钮,使其处于按下状态,右键框选在样片选择区或工作区中的待排版样片。

②样片选中后会跟随光标,此时在排版区按下鼠标左键不放,拖动出一条方向线,释放鼠标左键后,样片将按方向线弹入排版图,如图 3 - 30 所示。系统将根据该功能下拉菜单的面积、高度和长度的选择来定位样片。

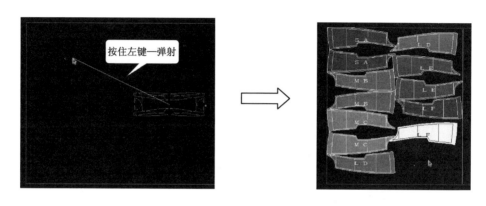

图 3 - 30　自动排料示意图

2.【组合排列】

此按钮处于按下状态,将多个样片通过右键框选,使样片成为一个整体,按鼠标左键不放弹入排版图,再次拖动时,各样片已经成为个体,如图 3 - 31 所示。

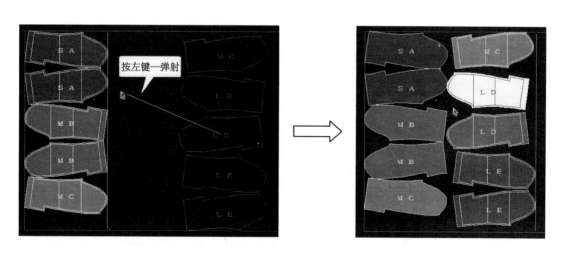

图 3 - 31　组合排列示意图

3.【定向滑片】

将一个样片按照指定的方向进行移动,直到样片接触到另外的一个样片或者排版图的边缘,如图 3 - 32 所示。

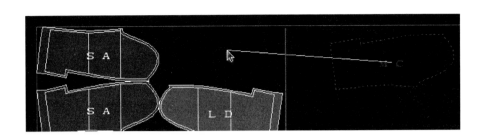

图 3 - 32 定向滑片示意图

4.【重叠】▶️

该功能按钮按下后有三种状况:

①将一个样片的部分重叠在另一个样片的一部分上。

②将一个样片的部分重叠在排版图的边缘上(借布边)。

③在两个样片之间加入设定的间隔(OL 设定为负值)。

重叠过的样片会在【SZ】旁边的灰色区域显示"OL"。

5.【步移样片】▶️ (键盘:【 =】,【[】,【]】,【'】)

样片按照指定的步移量进行移动。步移量可通过菜单【编辑】→【设定】来进行设定,如图 3 - 33 所示。可以多个样片同时步移。

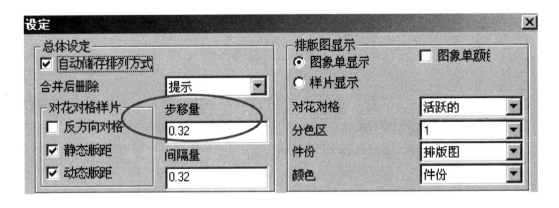

图 3 - 33 布移量设置

6.【定向对齐】🏛️

将排版图中的两个定位样片进行对齐,一般用于方形样版,以便于裁割。

以下样片不可以使用定向对齐的功能:

①使用了版距的样片。

②结合样片或结合的一部分。

7.【翻转】（键盘:【＊】）

根据在排版放置限制参数表的样片选项中的定义,可以使用这个功能将一个样片沿x轴或y轴进行翻转。如果系统提示"需要解除限制,否则该功能不被允许使用"则要通过工具盒右侧的选择按钮【永久解除限制】或【临时解除限制】来解除限制。操作步骤如下:

①点击工具盒图标。

②鼠标右键点击目标样片,或选中样片后按键盘【＊】键。

③每一次点击样片就会按90°的方向进行翻转,如图3－34所示。

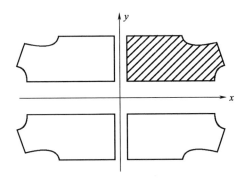

图3－34　样片翻转示意图

8.【旋转】（键盘:【0】,【.】）

倾斜或者旋转一个样片,旋转程度将受到排版放置限制中设定的限制。操作方法比较简单,只需点击目标选项,然后鼠标右键点击或键盘操作将该功能用于选中样片。

:45°顺时针旋转。

:45°逆时针旋转。

:90°顺时针旋转。

:90°逆时针旋转。

:180°逆时针旋转。

:顺时针倾斜,可通过【TL】设定每次的倾斜量,并且在【排版放置限制】中可以设定倾斜的最大值。

:逆时针倾斜。

:随意旋转。

:重置倾斜量,将倾斜旋转过的样片恢复原状。

:高级旋转－顺时针,以顺时针方向绕选定点旋转样片,直至达到其倾斜限制或碰触另一样片。

:高级旋转 – 逆时针,以逆时针方向绕选定点旋转样片,直至达到其倾斜限制或碰触另一样片。

9.【定位/不定位】 (键盘:【P】)

对选定的样片完成定位和不定位的操作。当选择【永久解除限制】或者【临时解除限制】时,该功能允许重叠。在排版中,定位样片为实色填充,不定位样片为虚线边框。

10.【版边/版距】

对指定的样片增加或去除动态版边/版距,在此功能使用的时候,动态版边/版距的数值会和自动版边/版距的数值累加。操作方法如下:

①点击图标使其处于按下状态。

②鼠标右键单击目标样片来增加(或去除)版边或版距。

该功能的前提是样片已经通过菜单中【样片】→【使用版边/版距】加上了版边或版距,当样片设定了版距,样片的周边线会显示为虚线,并且可以通过【工具】→【量度】→【样片至样片】的功能测量两片间的距离。当样片设定了版边,样片的周边线显示为实线。

11.【分割】

只有样片具有"P"标记的内部线,才能使用此功能。系统会在 P 线的位置对样片进行分割,分割后的样片会在分割的位置上自动加缝份,缝份量的大小按【SA】显示的缝份量而定。可利用此功能将分割的样片合并。样片经过分割后,会自动在件份代码的后面增加"0:1"的显示。

12.【对折】

将一个对称样片按照对称线段进行折叠,或将一个已经折叠的样片打开。此功能只能用于拉布方式为对折拉布或者圆筒拉布的排版图,并且在【排版放置限制】中为对称片设定了样片规范"F"(允许对称片折叠)。在【设定】中,推荐将【折叠后增加样片】选中,这样在排版过程中,如果将样片折叠后,自动会增加一片。

13.【中心】 (键盘:【5】)

将样片放置在开放位置的中心,一般用于小片放置,以便于裁割。

14.【填充样片】 (键盘:【/】或者【Esc】)

可以将样片放入一个十分紧凑而且很难滑入的排版图区域内。样片即使放在其他样片上面也可自动弹开,如果空间不能放置样片,系统会提示重叠量的大小。

15.【间隔样片】 (键盘:【F】)

按照在【编辑】→【设定】中所设置的"间隔量"将样片与其他相邻的样片移开一定距离。每次只能移动一个样片。

16.【对花对格】

对花对格有两种方式:对花对格线或是对花对格规则。系统会根据当前所使用的对花对格方式来选择所显示的对话框如图 3 – 35 所示。在需要设定的样片上按鼠标右键,如果样片有对花对格规则,就会有相应的对话框显示。

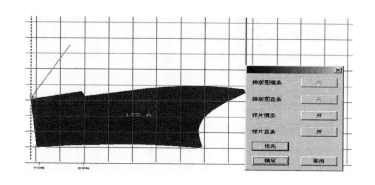

图 3 – 35　对花对格

17.【自由旋转】

在使用【自动排列】或者【定向滑片】功能时,可同时选择【自由旋转】功能,样片会适度旋转以符合相邻样片对其的外形要求。在【排版放置限制】中可以设定旋转的最大值,该设定的最大允许值为 45°。

18.【永久解除限制】

使用此选项将会取消【排版放置限制】中所设定的限制。必须十分小心使用所有解除限制后的功能。解除限制的操作会被记录下来,并且显示在排版图报告当中。

19.【临时解除限制】

此选项与【永久解除限制】的区别在于:只对当前选中的一个功能解除限制,当选择另一个功能的时候,会自动弹起,取消解除限制功能。

20.【定位片】 、【未定位片】 、【图像单】

此三项是设置工具列的功能对何种样片起作用,一般情况三个选项都应该是激活状态。

六、键盘功能

工具列的某些功能可以通过键盘进行操作,见下表,工具盒按钮与数字键盘按键对应图如图 3 – 36 所示,用来提高排版的速度。注意:键盘要处在 num lock = off 的状态。

工具盒功能按钮与键盘按键对应表

键盘	工具栏	键盘	工具栏
*	翻转	1,3,7,9	斜向滑片
0	逆时针旋转	2,4,6,8	水平/垂直滑片

续表

键盘	工具栏	键盘	工具栏
.	顺时针旋转	5	中心
/ 或 Esc	填充样片	F	间隔样片
+	顺时针倾斜	P	定位/不定位
−	逆时针倾斜	V	随意旋转
←Backspace	重置倾斜量	↵ Enter	放下样片,但样片不定位
= ,【,】,'	步移样片		

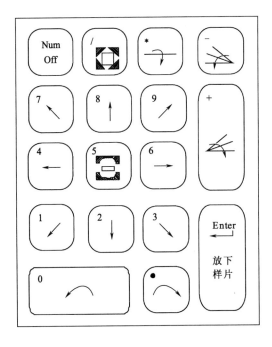

图 3 −36　工具盒按钮与数字键盘按键对应图

第四章

格柏服装CAD应用

　　本章主要通过打版、推版、排版的全方位实例演练,来达到巩固基础知识,熟练各种工具使用,优化操作流程。

第 一 节　童 装 样 版 设 计

一、女童连衣裙样版设计

1. 款式资料

　　款式图、结构图、缝份图分别如图 4 - 1 ~ 图 4 - 3 所示,规格见表 4 - 1。

正面　　　　　　　　背面

图 4 - 1　女童连衣裙款式图

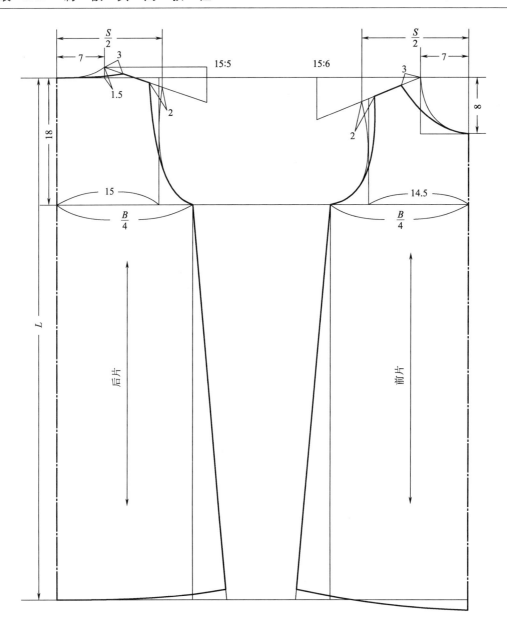

图 4-2 女童连衣裙结构图

表 4-1 连衣裙规格表

单位:cm

部位	裙长(L)	胸围(B)	肩宽(S)	领围(N)	袖窿深
尺寸	74	80	31	35	18

2. 样版设计过程(单位:cm)

(1)开样

步骤一:单击【长方形】图标 ▢ 或按【Shift】+【F6】,在工作区中选择长方形样片一个角的

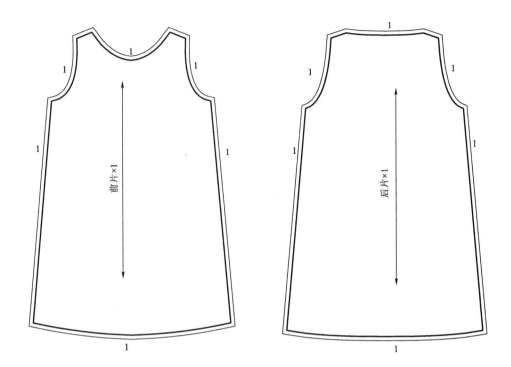

图 4 - 3　女童连衣裙放缝份图

开始位置点,在光标模式下,在工作区中拖动鼠标(左键松开),系统将使用第一个角为基准来创建一个长方形,如图 4 - 4 所示。

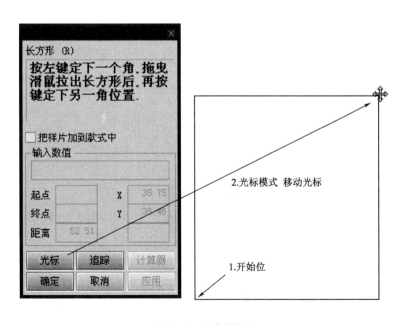

图 4 - 4　创建长方形

步骤二:在适当位置按下鼠标左键后不松再按下右键,再同时弹开,切换为输入模式,输入新建长方形样片的尺寸。这里,水平尺寸为"74",垂直尺寸为"60" $\left[\frac{B}{4}(\text{前}) + \frac{B}{4}(\text{后}) + 20\text{cm}\right]$,

单击【确定】按钮后,输入样片名称(默认即可)后,确定到命令结束即可,如图4-5所示。

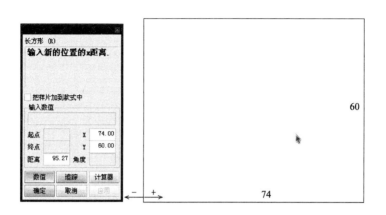

图4-5 设定长方形数值

(2)定后领圈弧线

步骤一:单击【输入线段】图标 🖎 或按【Ctrl】+【F7】,结合右键菜单中的【水平】做出后领圈,后领深"1.5",后领宽"7",如图4-6所示(请注意使用鼠标滚轮或【F7】放大镜工具进行局部放大绘制)。

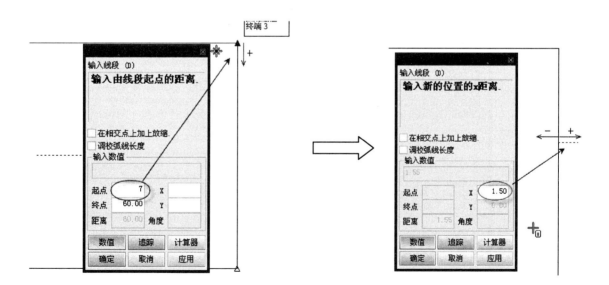

图4-6 定后领深线

步骤二:在【输入线段】 🖎 命令下,结合右键菜单中的【两点拉弧】做出后领圈弧线,如图4-7所示。

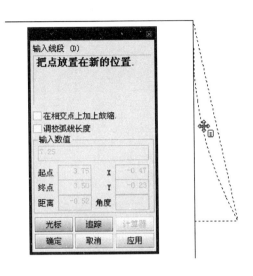

图4-7 后领圈弧线

（3）定后肩线

步骤一：单击【输入线段】图标 🐍 或按【Ctrl】+【F7】，在光标模式下，以后颈肩点为参照，切换成输入模式，在输入框输入（X，Y）相对坐标数值（-5，-15）确定肩斜，并与后颈肩点连接定出后肩线，如图4-8所示。

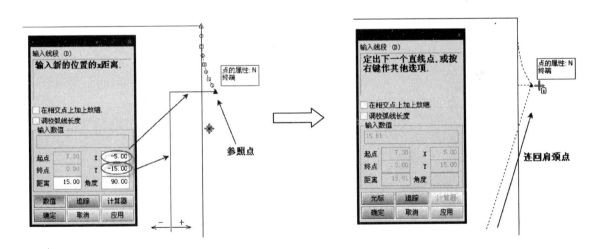

图4-8 定后片肩线

步骤二：在【输入线段】 🐍 命令下，按从后中起按"$\dfrac{S}{2}=15.5$"长度，结合右键菜单中的【水平】，定出后肩端点位置，如图4-9所示。

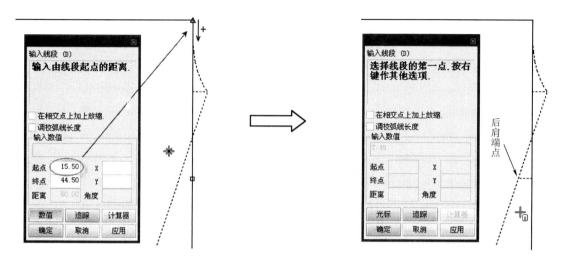

图 4-9　定后肩端点

技巧提示：

　　一般情况下,输入线段命令结合鼠标右键菜单可以完成结构设计的大部分工作,但有些时候,为提高操作速度,可以灵活选用其他工具或方法,例如右键菜单中的【删除上一点】,可在上一点附近左键单击即可快速删除。

　　在命令执行过程中,随时关注输入框上端的文字提示。

　　步骤三：单击【增加点】图标 或按【Alt】+【F4】,结合右键菜单【交接点】,做出肩斜线上的后肩端点。

　　(4)定后片袖窿深线

　　在【输入线段】 命令下,从后中心线右端点水平向左"18"定出袖窿深线位置,以此位置作为线段起始点,单击右键选择【垂直】,做出袖窿深线,如图4-10所示。

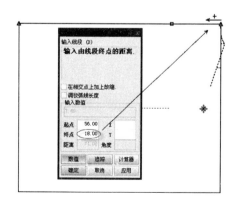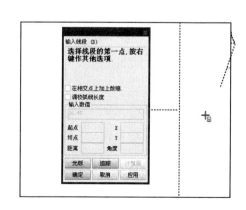

图 4-10　后片袖窿深线

（5）定后片侧缝基础线

在【输入线段】🐾 命令下，结合右键菜单中的【水平】，输入"20"（$\frac{B}{4}$）做出后侧缝基础线，如图 4-11 所示。同样的方法，可输入"15"做出后背宽线。

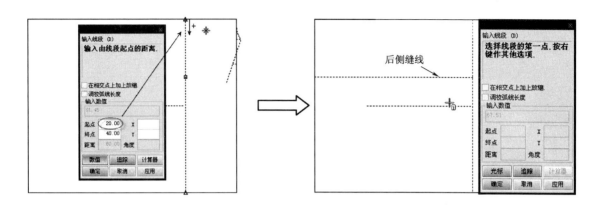

图 4-11　定后片侧缝基础线

（6）定后袖窿弧线

在【输入线段】🐾 命令下，结合右键菜单中的【两点拉弧】做出后袖窿弧线，如图 4-12 所示。

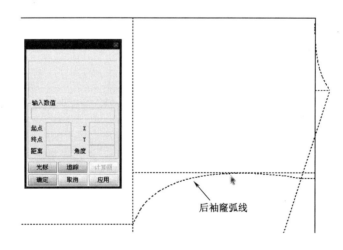

图 4-12　定后袖窿弧线

技巧提示：
　　请注意随时保存文件。

（7）定前领圈弧线

步骤一：单击【输入线段】图标🐾 或按【Ctrl】+【F7】，结合右键菜单中的【垂直】、【水平】

做出前领圈,前领深"8",前领宽"7"。

步骤二:在【输入线段】🐚命令下,结合右键菜单中的【两点拉弧】做出前领圈弧线,如图 4-13所示(请注意使用鼠标滚轮或【F7】键放大镜工具进行局部放大绘制)。

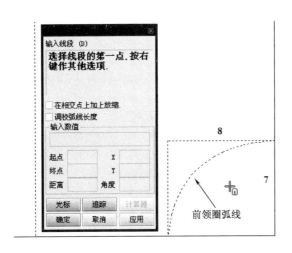

图4-13　定前领圈弧线

(8)定前肩线

步骤一:单击【输入线段】图标🐚或按【Ctrl】+【F7】,在光标模式下,以前颈肩点为参考点,切换成输入模式,在输入框内输入(X,Y)相对坐标数值(-6,15),确定肩斜,并与前颈肩点连接定出前肩线,如图4-14所示。

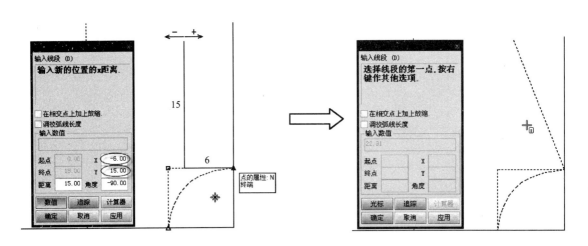

图4-14　定前肩线

步骤二:在【输入线段】🐚命令下,从前中心线起按"15.5"长度,结合右键菜单中的【水平】,定出前肩端点位置。

步骤三:单击【增加点】图标 或按【Alt】+【F4】,结合右键菜单【交接点】,做出前肩斜线上的肩端点,如图 4 – 15 所示。

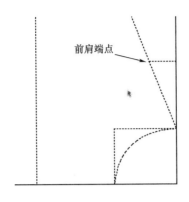

图 4 –15 定前肩端点

(9)定前片侧缝基础线

在【输入线段】命令下,结合右键菜单中的【水平】,做出 $\frac{B}{4} = 20$ 的前侧缝基础线。同样的方法,可做出前胸宽线 = "14.5"。如图 4 – 16 所示。

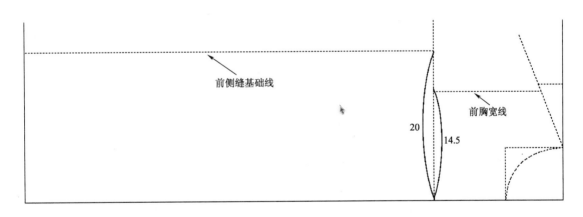

图 4 –16 定前片侧缝基础线

(10)定前袖窿弧线

在【输入线段】命令下,结合右键菜单中的【两点拉弧】做出前袖窿弧线,如图 4 – 17 所示。

(11)修改轮廓线

步骤一:在【输入线段】命令下,结合右键菜单中的【两点拉弧】,领口前、后各开大"3",肩部各开大"2",生成新的领圈弧线和袖窿弧线,如图 4 – 18 所示。

步骤二:在【输入线段】命令下,分别以前、后中心线为参考,在下摆线找到"25"位置,

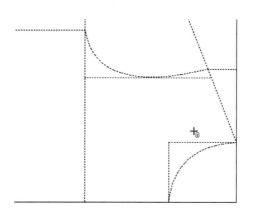

图 4 - 17　定前袖窿弧线

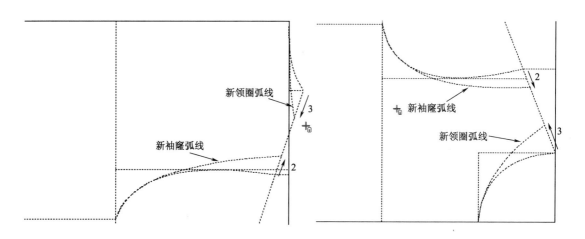

图 4 - 18　修改前、后片领圈和袖窿

并与胸围点相连得到侧缝线,如图 4 - 19 所示。

步骤三:单击【隐藏显示周边线】图标 [图标] 或按菜单查找【检视】→【线段】→【隐藏/显示】→【隐藏周边线】,将前中周边线隐藏,如图 4 - 20 所示。

步骤四:在【输入线段】 [图标] 命令下,从右到左重新连接前中心线,并在左侧结合右键菜单【沿前一线段延伸】,延伸出"1.5",结合右键菜单【两点拉弧】,做出前下摆线,如图 4 - 21 所示。

步骤五:在【输入线段】 [图标] 命令下,做出后下摆线。

至此,完成女童连衣裙的结构设计,如图 4 - 22 所示。

(12)保存

单击【保存】按钮 [图标] 或按【Ctrl】+【S】,在制作过程中进行保存。

(13)样片处理

步骤一:产生净样版。点击【套取样片】图标 [图标] 或按【Shift】+【F3】,依次左键选中前中心

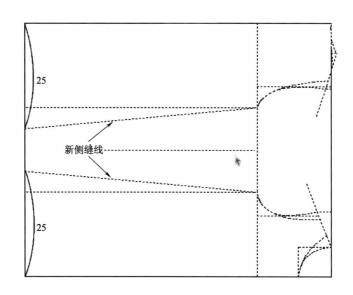

图4-19 修改前、后侧缝线

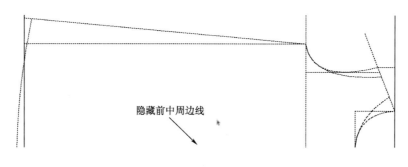

图4-20 隐藏前中周边线

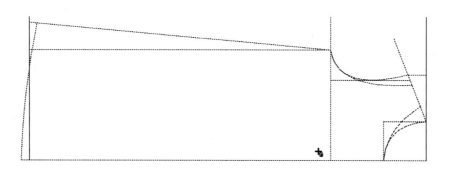

图4-21 做前下摆线

线、下摆线、前侧缝线、前肩线、前领圈弧线等构成样片的封闭线条,右键【确定】后,左键选中布纹线等内部线,右键【确定】后系统自动产生前裙样片,在输入数值处给新产生的样片命名,完成前样片的套取实线封闭区域。相同的方法,可完成后裙片样片的套取,如图4-23所示。

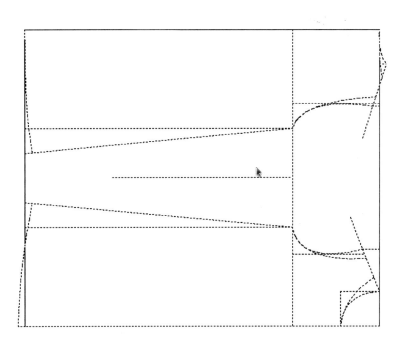

图 4-22　女童连衣裙结构完成图

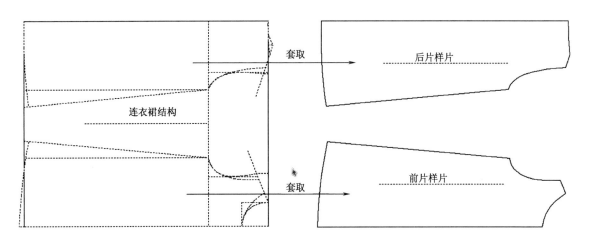

图 4-23　产生净样版

　　步骤二:产生对称样版。点击【产生对称片】图标 ▢,选择前中心线,选项框中选择【对称后折叠】选项,右键【确定】后系统自动产生对称片,前裙片只显示一半,并且对称线段被显示成为虚线。同样的方法可做出后片的对称片。

　　步骤三:放缝。点击【设定/增加缝份量】图标 ▨ 或按【Shift】+【F7】,然后依次单击需要增加缝份的前、后裙片样片,右键【确定】后输入缝份量"1",完成前、后片的放缝,如图 4-24 所示。

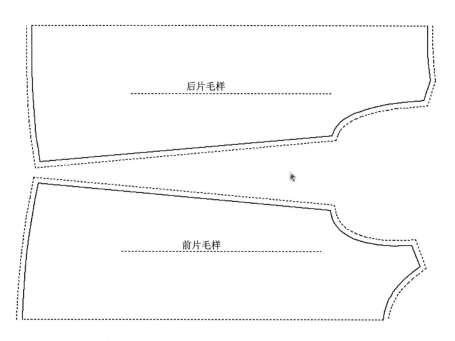

图4-24　女童连衣裙样片加放缝份

二、男童T恤样版设计

1.款式资料

款式图、结构图、缝份图如图4-25~图4-27所示,规格见表4-2。

正面　　　　　　　　背面

图4-25　男童T恤款式图

表4-2　男童T恤规格表

单位:cm

部位	衣长(L)	胸围(B)	肩宽(S)	领围(N)	袖长(SL)
尺寸	41	72	28	28	12

2.样版设计过程(单位:cm)

(1)开样

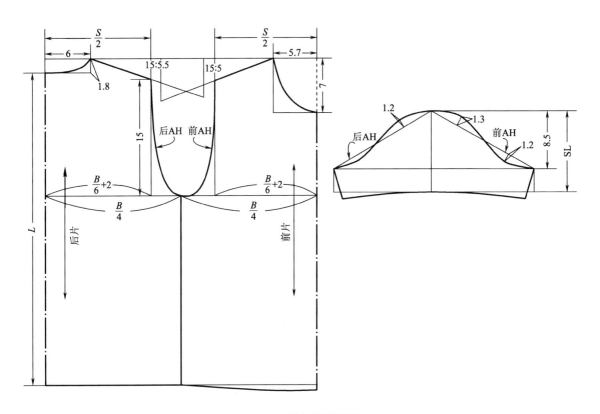

图 4 - 26　男童 T 恤结构图

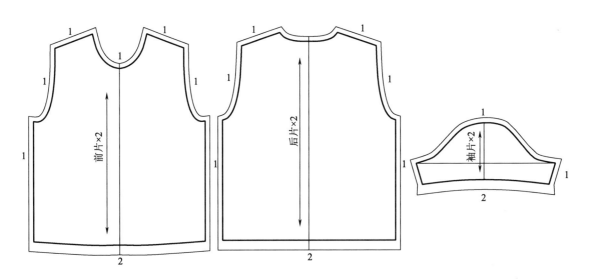

图 4 - 27　男童 T 恤放缝份图

步骤一：单击【长方形】图标 □ 或按【Shift】+【F6】，在工作区中选择长方形样片一个角的开始位置点，在光标模式下，在工作区中拖动鼠标，系统将使用第一个角为基准来创建一个长方形。

步骤二：在适当位置按下左键后不松再按下右键,再同时释放,切换为输入模式,输入新的长方形样片的尺寸。这里,水平尺寸为"42.8",垂直尺寸为"72/2",单击【确定】按钮后,输入样片名称(默认即可)后,确定到命令结束即可,如图4-28所示。

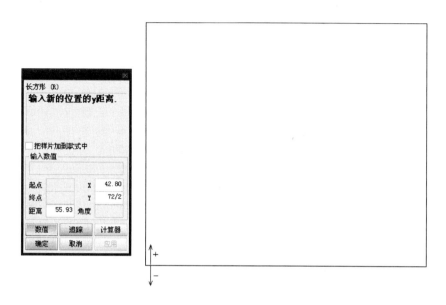

图4-28　做长方形

(2)定后片领圈

步骤一：单击【输入线段】图标 或按【Ctrl】+【F7】,结合右键菜单中的【水平】做出后领深和后领宽线,后领深"1.8",后领宽"6",如图4-29所示。

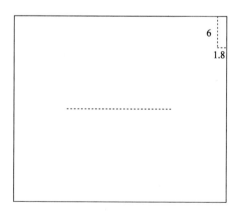

图4-29　后领深线和后领宽线

步骤二：在【输入线段】 命令下,结合右键菜单中的【两点拉弧】做出后领圈弧线,如图4-30所示(注意,可使用鼠标滚轮或【F7】键放大镜工具进行局部放大绘制)。

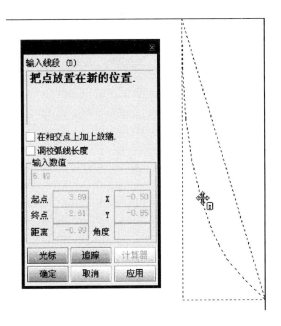

图 4 - 30　做后领圈弧线

技巧提示：

切换光标模式和输入模式的方法有两种，一种是在工作区中，按下左键后不松再按下右键，再同时弹开；一种是单击用户输入框下方的【数值/光标】切换按钮。

（3）定后片肩线

步骤一：单击【输入线段】图标 🗹 或按【Ctrl】+【F7】，在光标模式下，以后颈肩点为参考点，切换成输入模式，在输入框输入（X，Y）相对坐标数值（-5，-15）确定肩斜，并与后颈肩点连接定出后肩线，如图 4 - 31 所示。

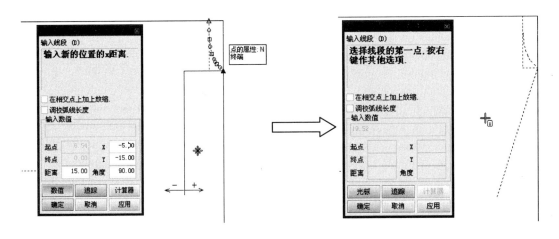

图 4 - 31　定后片肩线

步骤二:在【输入线段】 命令下,从后中起按$\dfrac{S}{2}=14$长度,结合右键菜单中的【水平】,定出后肩端点位置,如图4－32所示。

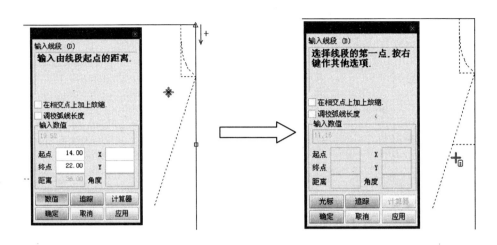

图4－32　定后肩端点

(4)定后片袖窿深线

步骤一:在【输入线段】 命令下,结合右键菜单中的【水平】,从肩端点水平向左"15"定出袖窿深线位置。

步骤二:在【输入线段】 命令下,结合右键菜单中的【垂直】,做出袖窿深线,如图4－33所示。

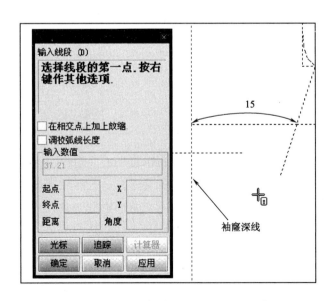

图4－33　定袖窿深线

（5）定前、后片侧缝线

在【输入线段】 🎣 命令下，结合右键菜单中的【水平】，做出 $\dfrac{B}{4}$ = "18" 的前、后片侧缝线，如图 4 - 34 所示。

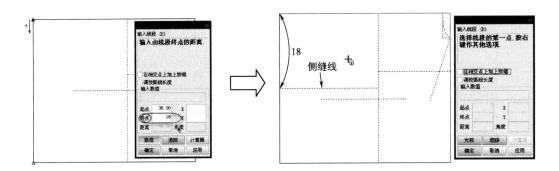

图 4 - 34　定前、后片侧缝线

（6）定后袖窿弧线

在【输入线段】 🎣 命令下，结合右键菜单中的【两点拉弧】做出后袖窿弧线，如图 4 - 35 所示。

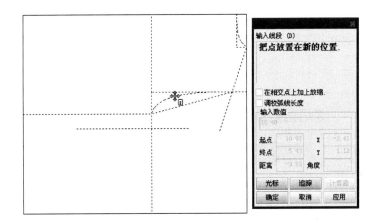

图 4 - 35　定后袖窿弧线

（7）定前领圈弧线

步骤一：单击【输入线段】图标 🎣 或按【Ctrl】+【F7】，结合右键菜单中的【垂直】、【水平】做出前领深线和宽线，前领深 "7"，前领宽 "5.7"。

步骤二：在【输入线段】 🎣 命令下，结合右键菜单中的【两点拉弧】做出前领圈弧线，如图 4 - 36 所示（注意，可使用鼠标滚轮或【F7】键放大镜工具进行局部放大绘制）。

（8）定前片肩线

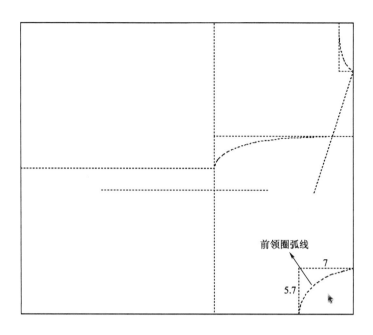

图4-36　定前领圈弧线

步骤一:单击【输入线段】图标 🐛 或按【Ctrl】+【F7】,在光标模式下,以前颈肩点为参考点,切换成输入模式,在输入框输入(X,Y)相对坐标数值(-5.5,15)定肩斜,并与前颈肩点连接定出前肩线,如图4-37 所示。

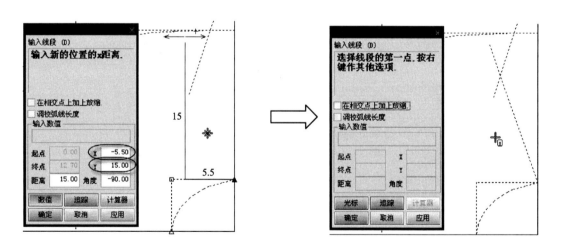

图4-37　定前片肩线

步骤二:在【输入线段】 🐛 命令下,按从后中起按长度“14”,结合右键菜单中的【水平】,定出前肩端点位置,如图4-38 所示。

(9)定前袖窿弧线

在【输入线段】 🐛 命令下,结合右键菜单中的【两点拉弧】做出前袖窿弧线,如图4-39 所示。

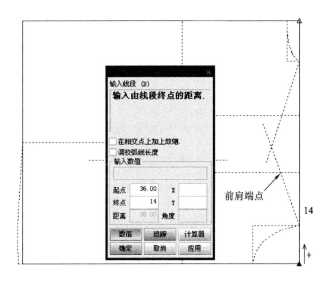

图 4 - 38　定前肩端点

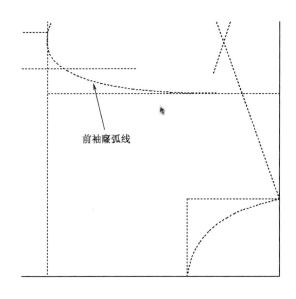

图 4 - 39　定前袖窿弧线

（10）定前下摆

步骤一：单击【隐藏显示周边线】图标 或按菜单查找【检视】→【线段】→【隐藏/显示】→【隐藏周边线】，将前中周边线隐藏，如图 4 - 40 所示。

步骤二：在【输入线段】命令下，从右到左重新连接前中心线，并在左侧结合右键菜单【沿前一线段延伸】，延伸出"0.7"，结合右键菜单【两点拉弧】，做出前下摆线，如图 4 - 41 所示。

（11）袖子结构制图

步骤一：单击【量度】工具中的【线段长】图标 ，测量前、后袖窿弧线长，如图 4 - 42 所示。

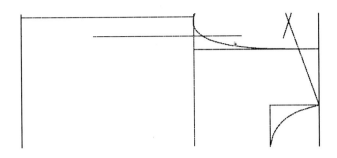

图 4 - 40　隐藏前中周边线

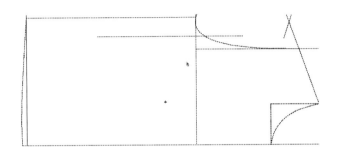

图 4 - 41　定前下摆

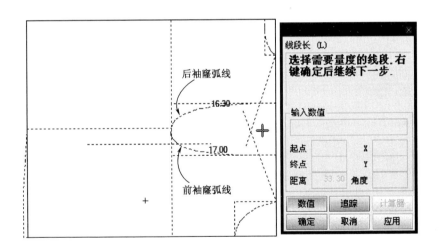

图 4 - 42　测量前、后袖窿弧线长

步骤二:在【输入线段】 命令下,做"12"袖长线,然后在该线上取"8.5"长为袖山高,做垂直于袖长线的袖肥线,两边长度不小于"17"。继续在输入线段状态下,结合右键菜单【画圆定点】或【以末点为圆心作圆定点】,以袖山高点为圆心,根据量取的前、后袖窿弧线长,做出前、后袖山斜线。过袖山斜线与袖肥线的交点,以 12 - 8.5 = 3.5 为半径,结合右键菜单中的【垂直】、【水平】做出袖口线,如图 4 - 43 所示。

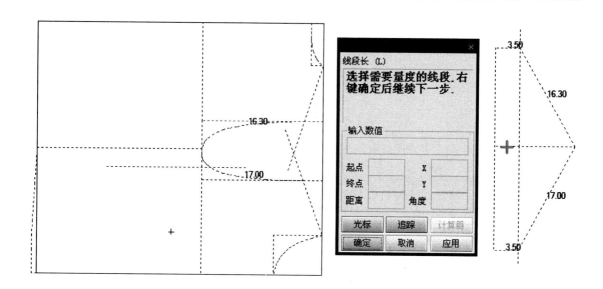

图 4 –43　袖子基础线

步骤三:点击【增加点】图标 或按【Alt】+【F4】键,结合点的右键菜单,将前 AH 进行四等分(右键菜单弹出后一系列连续步骤为:右键→【多个】→【线上定比例】→左键点【需要等分的线】→空白处左键继续→起点终点选【没有】→设置中间点的数量→完成),如图 4 –44 所示。

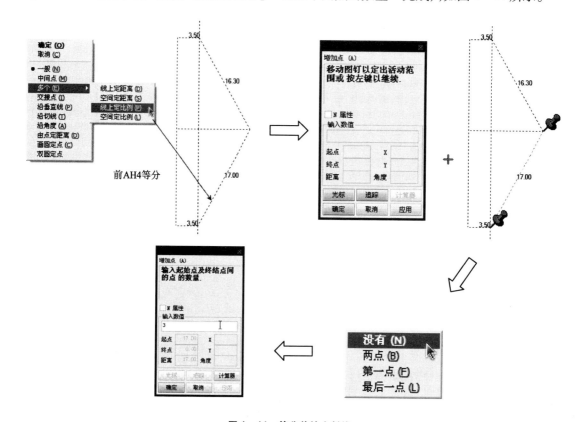

图 4 –44　等分前袖山斜线

步骤四:点击【线上垂直线】图标 ⟍,参照结构图在四等分点位置分别做垂线。

步骤五:在【输入线段】 ⟲ 命令下,结合右键菜单【弧线】,做出袖山弧线。

步骤六:在【输入线段】 ⟲ 命令下,结合右键菜单【两点拉弧】,做出袖口弧线。

至此,完成儿童T恤的结构设计,如图4-45所示。

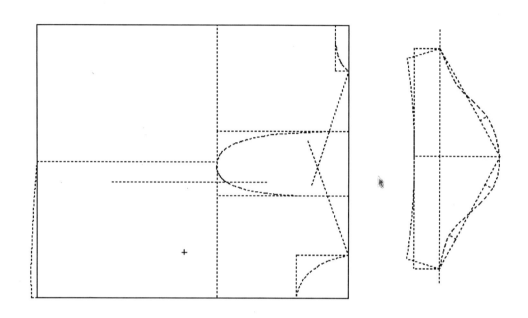

图4-45 儿童T恤的结构完成图

（12）保存

单击保存按钮 🖫 或按【Ctrl】+【S】,在制作过程中进行保存。

（13）样片处理

步骤一:产生净样片。点击【套取样片】图标 🖱 或按【Shift】+【F3】,依次左键选中前中心线、下摆线、前侧缝线、前肩线、前领圈弧线等构成样片的封闭线条,右键确定后,左键选中布纹线等内部线,右键确定后系统自动产生前样片,在输入数值处给新产生的样片命名,完成前样片的套取(实线封闭区域)。相同方法完成后片及袖子样片的套取,如图4-46所示。

步骤二:放缝。点击【设定/增加缝份量】图标 🖽 或按【Shift】+【F7】,然后依次单击需要增加缝份的前、后裙片样片,右键确定后输入缝份量"1",点击下摆线,输入缝份量"2",完成前片、后片及袖片的放缝(袖口放缝时结合【缝份】→【反折角】工具)。

步骤三:产生对称片。点击【产生对称片】图标 🖽,选择前、后中心线,右键确定后系统自动产生对称片,如图4-47所示。

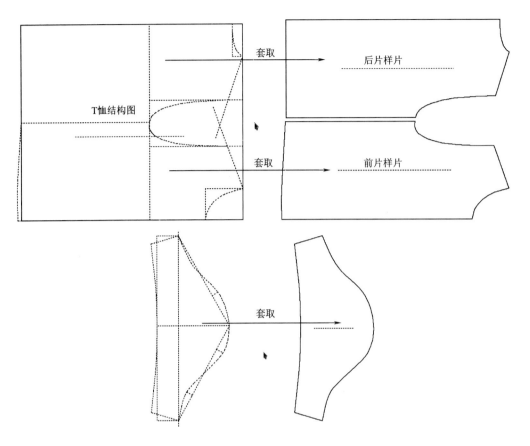

图 4 - 46 套取样片

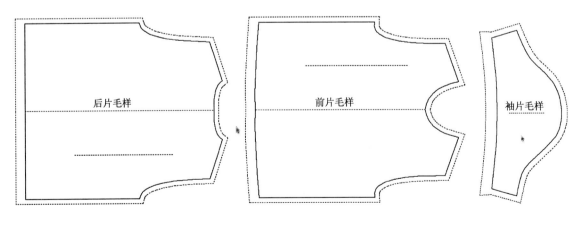

图 4 - 47 加放缝份

第二节　女装样版设计

一、西装裙样版设计

1. 款式资料

款式图、结构图、缝份图如图4-48~图4-50所示,规格见表4-3。

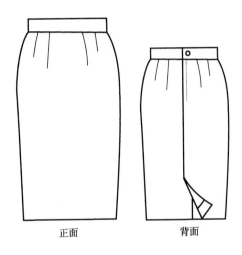

正面　　　　　　　　背面

图4-48　西装裙款式图

表4-3　西装裙规格表

单位:cm

部位	裙长(L)	腰围(W)	臀围(H)
尺寸	64	70	94

2. 样版设计过程（单位:cm）

（1）开样

步骤一:单击【长方形】图标□或按【Shift】+【F6】,在工作区中选择一点作为长方形样片一个角的开始位置点,在光标模式下,在工作区中拖动鼠标,系统将使用第一个角为基准来创建一个长方形。

步骤二:在适当位置按住鼠标左键再按住右键,再同时释放,切换为输入模式,输入新的长方形样片的尺寸。这里,水平尺寸为"94/2",垂直尺寸为"60",单击【确定】按钮后,输入样片名称（默认即可）后,确定到命令结束即可,如图4-51所示。

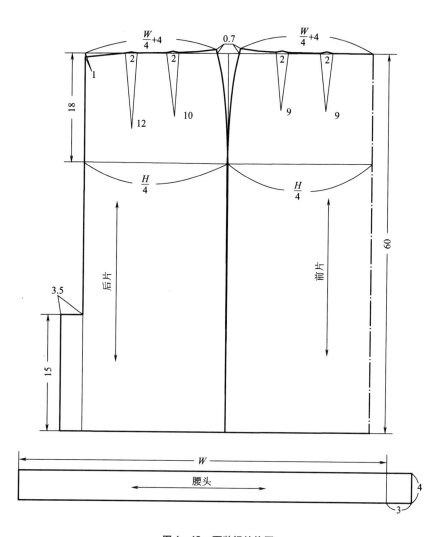

图 4-49　西装裙结构图

（2）臀围线和侧缝参考线

步骤一：单击【平行复制】图标 ▣ 或按【Ctrl】+【F4】，左键单击选择长方形顶部线段作为复制对象，右键确定后，移动鼠标，在适当位置由光标模式切换成输入模式，在【距离】处输入"-18"，单击【确定】后，即画出臀围线，如图 4-52 所示。

步骤二：在【平行复制】命令状态下，左键单击选择长方形左侧线段作为复制对象，右键【确定】后，移动鼠标，在适当位置由光标模式切换成输入模式，在【距离】处输入"-94/4"，单击【确定】后，即画出前、后片分界线，如图 4-53 所示。

（3）前裙片的腰围线和侧缝线

步骤一：单击【增加点】 ▨ 或按【Alt】+【F4】，按住鼠标左键不放，靠近长方形顶部线段右侧的前中心点，按下右键，然后左右键同时释放，根据箭头指示，在输入框中的【起点】或【终点】

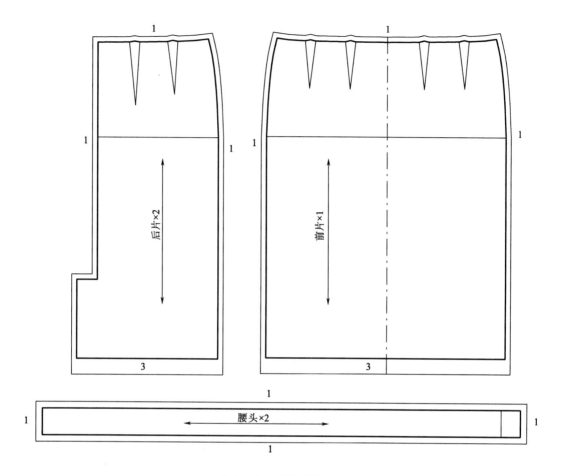

图 4 –50　西装裙放缝份图

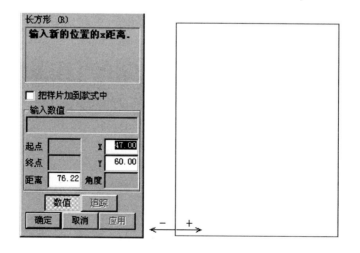

图 4 –51　长方形开样

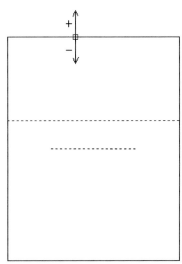

图 4 -52　臀围线

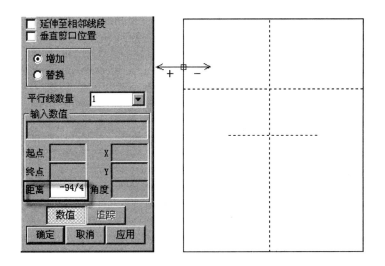

图 4 -53　前后片分界

处输入"$\dfrac{70}{4}+4$",【确定】后得到腰线位置点,如图 4 -54 所示。

步骤二:单击【线上垂直线】 ，选中步骤一增加的点,在输入框中输入"0.7",得到前裙片起翘位置,如图 4 -55 所示。

步骤三:单击【输入线段】图标 或按【Ctrl】+【F7】,先选择第 1 点起翘位置点后,在光标模式下,单击右键,在弹出的菜单中选择【两点拉弧】,再选择第 2 点前中心点,弧线出现后,调整弧线造型,按右键结束,生成前裙片腰围线,如图 4 -56 所示。

步骤四:在【输入线段】命令下,先选择前片侧腰点第 1 点后,在光标模式下,单击右键,在

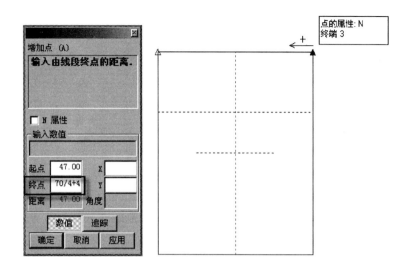

图4-54　前裙片腰线点

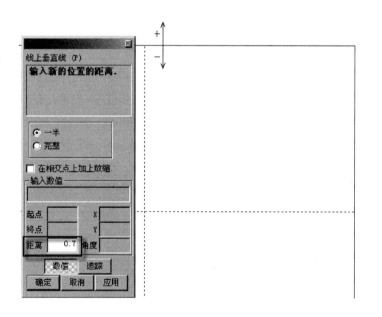

图4-55　前裙片起翘位置

弹出的菜单中选择【两点拉弧】,再单击右键,选择【交接点】,左键单击臀围线和侧缝参考线,自动连接到两线交接点,弧线出现后,调整弧线造型,按右键结束,生成前裙片侧缝线,如图4-57所示。

(4)后裙片侧缝线和腰围线

步骤一:单击【对称线段】图标 ,选择前侧缝线后,单击右键确定,选出前、后分界线为对称线,右键确定结束命令,产生后片侧缝线,如图4-58所示。

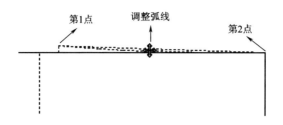

图 4-56　前裙片腰围线

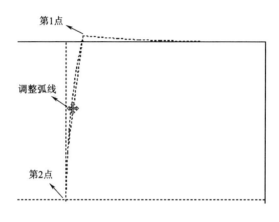

图 4-57　前裙片侧缝线

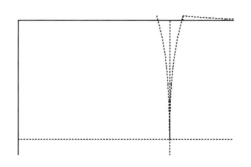

图 4-58　后片侧缝线

步骤二:单击【输入线段】图标 🎜 或按【Ctrl】+【F7】,先选择第 1 点起翘位置点后,在光标模式下,单击右键,在弹出的菜单中选择【两点拉弧】,再选择第 2 点即后中心线上端点下落 1cm 位置,弧线出现后,调整弧线造型,按右键结束,生成后裙片腰围线,如图 4-59 所示。

然后,在【输入线段】命令下,参照结构图做出后片后开衩(注意,构成开衩的线要分段画,不要连起来画,否则在后续【套取样片】中无法生成后裙片),这样就完成西装裙的基本结构线设计。图 4-60 是前、后裙片的结构图。

(5)保存

图 4 -59　后裙片腰线

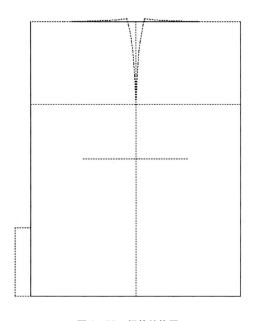

图 4 -60　裙片结构图

单击【保存】按钮 🖫 或按【Ctrl】+【S】,在制作过程中进行保存。

(6)西装裙样片处理

步骤一:产生净样。点击【套取样片】图标 🐾 或按【Shift】+【F3】,左键依次选中前中心线、下摆线、前侧缝线、前腰线等构成前裙片的封闭线条,右键确定后,左键选中臀围线等内部线,右键确定后系统自动产生前裙样片,在输入数值处给新产生的样片命名,完成前裙片样片的套取(实线封闭区域)。同样方法,可完成后裙片样片的套取,如图 4 -61 所示。

步骤二:修改丝缕线。选取【线段处理】→【修改线段】中的命令对套取的裙样片内部线进行修改。首先,点击【旋转线段】图标 🔄 ,选中前裙片布纹线,单击右键确定后,切换成输入模式,输入旋转角度"90",确定完成布纹线的旋转;点击【移动线段】图标 🖑 或按【Ctrl】+【F2】,在光标模式下,将布纹线移动到适当位置;点击【修剪线段】图标 🖶 或按【Ctrl】+【F8】,选择臀围线需要保留一边,然后选择侧缝线为相交边,系统自动将多余内部线修剪掉,这样就完成了前裙片内部线的修改。同样方法,可完成后裙片内部线的修改,如图 5 -62 所示。

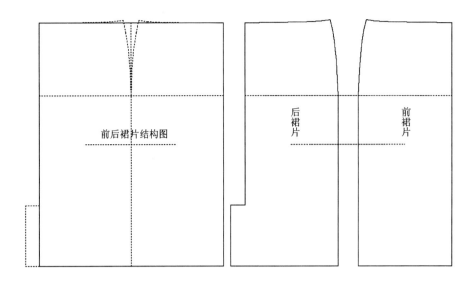

图 4 - 61　套取裙样片

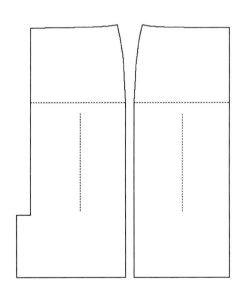

图 4 - 62　修改新样片内部线

　　步骤三:省道设计。点击【增加 X 记号点】图标 ，在工作区空白处单击鼠标右键,弹出菜单,选择【多个】→【线上定比例】命令,选中前腰线,确定图钉范围后左键继续,弹出菜单两端选【没有】,输入起点和终点间点的数量为"2",【确定】后完成操作,这样就把前裙片腰线三等分。同样方法完成后裙片腰线的三等分,如图 4 - 63 所示。

　　点击【增加褶图标】 ,选中"步骤三"中前裙片的第一个三等分点,在光标模式下移动鼠标,适当位置切换成输入模式并输入省道长度"9",确定后输入省道宽度"2",确定后完成第一个省道的制作,同样的方法完成前裙片第二个省道。后裙片省道的制作方法同前裙片,但是要

图4 - 63 等分腰围线

注意省道长度的变化,如图4 - 64 所示。然后点击【折叠尖褶】图标，在选择褶的折向处,选中包括折叠线及剪口复选框,依次单击各个省道边线,完成省道的闭合,如图4 - 65 所示。

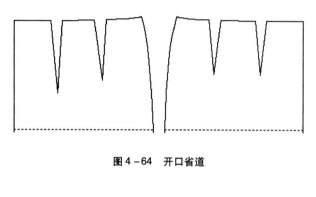

图4 - 64 开口省道

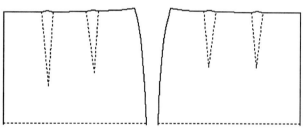

图4 - 65 省道闭合

步骤四:产生对称片。点击【产生对称片】图标，并选择对称后折叠复选框,然后选择前中心线,右键确定后系统自动产生对称片,前裙片只显示一半,并且对称线段被显示成为虚线,如图4 - 66 所示。

技巧提示:

对于对称片而言,内部资料有两种情况,对称的和不对称的。内部标记字母 A ~ C, E ~ M为不对称的内部标记字母;字母 D,N ~ Z 为对称的标记字母。例如:对称的内部线: Z;不对称的内部线:I;对称的钻孔:D;不对称的钻孔:E 。可在样片设计系统中的【编辑点的资料】、【编辑线段资料】中修改其种类或标记。

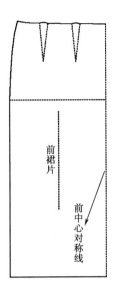

图 4 –66 产生对称片并折叠

步骤五:放缝。点击【设定/增加缝份量】图标 ⬚ 或按【Shift】+【F7】,对输入框处选项进行选择,如图 4 – 67 所示。

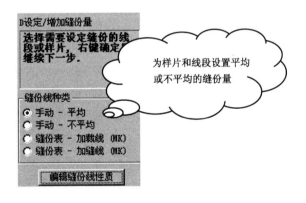

图 4 –67 增加缝份量选项

然后依次单击需要增加缝份的前、后裙片样片,右键确定后输入缝份量"1",完成净样的放缝;分别选中前、后裙摆线,单击右键输入缝份量"3",右键确定。这样,前、后裙片的放缝完成。用同样方法对腰头加放缝份,如图 4 –68 所示。

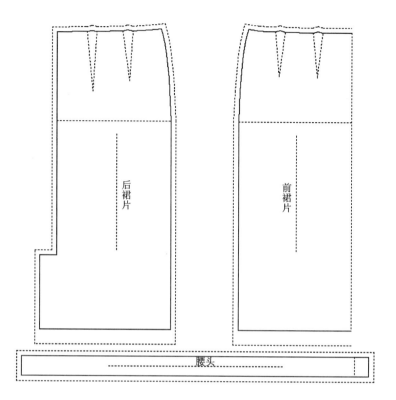

图4-68　前、后裙片加放缝份

二、育克分割裙样版设计

1. 款式资料

款式图、结构图、缝份图如图4-69～图4-71所示,规格见表4-4。

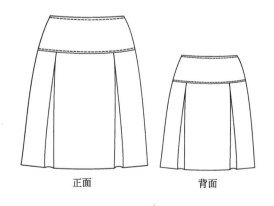

正面　　　　背面

图4-69　育克分割裙款式图

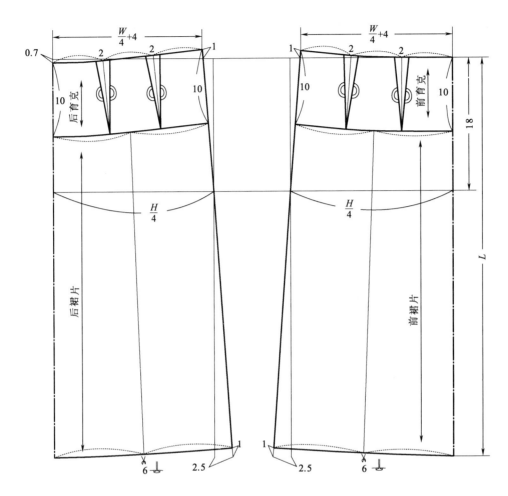

图 4 - 70　育克分割裙结构图

表 4 - 4　育克分割裙规格表

单位:cm

部位	裙长(L)	腰围(W)	臀围(H)
尺寸	54	68	90

2. 样版设计过程(单位:cm)

(1)裙基本结构设计

按西装裙结构设计方法,做出裙腰围线、臀围线、侧缝线、底摆线等基础结构线,如图 4 - 72 所示。

(2)套取裙样片

点击【套取样片】图标 或按【Shift】+【F3】,左键依次选中前中心线、下摆线、前侧缝线、前腰线等构成前裙片的封闭线,右键确定后系统自动产生前裙样片,在输入数值处给新产生的样片命名,完成前裙样片的套取(实线封闭区域)。同样方法,可完成后裙片样片的套取,如

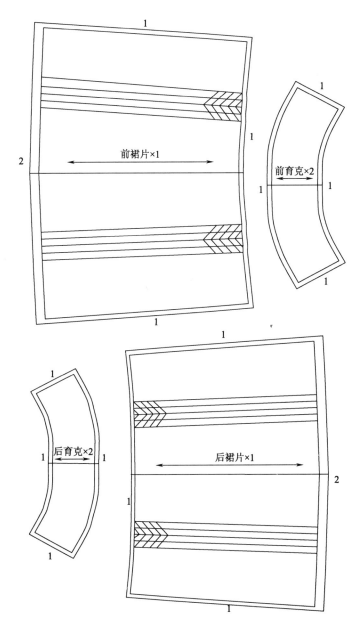

图 4 -71　育克分割裙放缝份图

图 4 - 73 所示。

（3）分割线设计

单击【平行复制】图标 ▣ 或按【Ctrl】+【F4】，左键单击选择腰线作为复制对象，右键确定后，移动鼠标，在适当位置由光标模式切换成输入模式，在勾选【延伸至相邻线段】，在距离处输入"－10"，单击【确定】后，即画出横向育克分割线，如图 4 - 74 所示。

（4）后育克设计（以后裙片为例，前裙片同样）

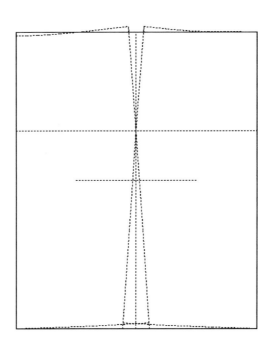

图 4-72 裙片结构图

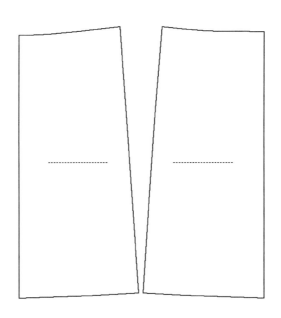

图 4-73 套取裙样片

步骤一:省道位置设计。点击【增加 X 记号点】图标 ，在工作区空白处单击鼠标右键，弹出菜单,选择【多个】→【线上定比例】命令,做出后裙片腰线三等分点。

步骤二:点击【增加褶图标】 ，选中后裙片的三等分点,在光标模式下移动鼠标,适当位置切换成输入模式并输入省道长度"10",确定后输入省道宽度"2",确定后完成后裙片省道的

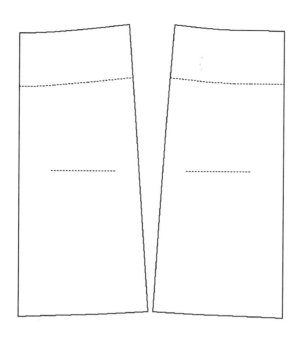

图4-74 分割线设计

制作,如图4-75所示。

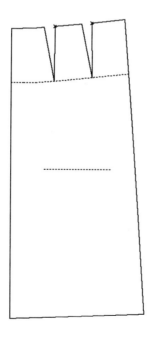

图4-75 增加尖褶

步骤三:点击【套取样片】图标 或按【Shift】+【F3】,将育克部分三块样片取出,如图4-76所示。

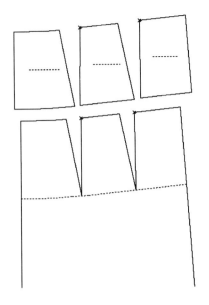

图 4-76　套取育克样片

步骤四:点击【合并样片】图标 ⊞ ,将三块样片进行合并,合并后如图 4-77 所示。

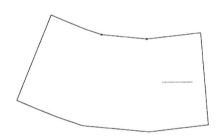

图 4-77　合并样片

步骤五:点击【合并线段】图标 ,分别将腰线、育克分割线合并。

步骤六:在正常模式,即" " 下,在工作区空白处单击右键,选择【编辑点的资料】选项,将腰围线和育克分割线上的折线控制点转换为平滑点。如图 4-78 所示。

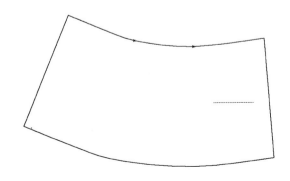

图 4-78　后上片省道闭合完成图

步骤七:产生对称片。点击【产生对称片】图标 ▦ ,并选择【对称后折叠】复选框,然后选择后中心线,右键确定后系统自动产生对称片,后裙片只显示一半,并且对称线段被显示成为虚线,如图4-79所示。

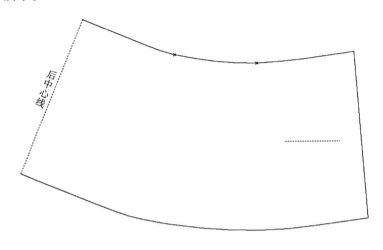

图4-79　后育克

(5)后裙片样片制作(以后裙片为例,前裙片类似)

步骤一:点击【套取样片】图标 ▦ 或按【Shift】+【F3】,将裙下片取出。

步骤二:单击【输入线段】图标 ▦ 或按【Ctrl】+【F7】,在光标模式下,结合右键菜单【中间点】,依次单击腰线和底摆线,做出褶裥线,如图4-80所示。

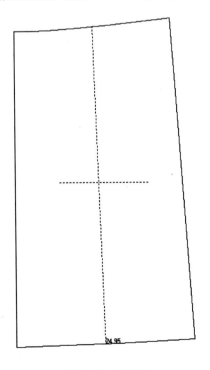

图4-80　褶裥线

步骤三:单击菜单【样片】→【褶】→【工字褶】,按照输入框文字提示,先选择褶线,然后输入"底衬"(即褶宽)的一半为"1.5",输入褶的数量为"1",右键确定完成,如图4-81所示。

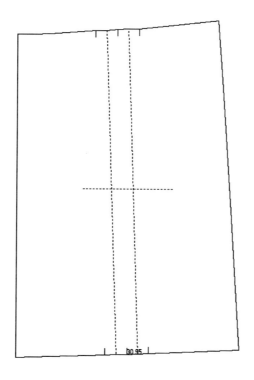

图4-81 工字褶设计

步骤四:产生对称片。点击【产生对称片】图标 ▦ ,并选择【对称后折叠】复选框,然后选择后中心线,右键确定后系统自动产生对称片,如图4-82所示。

(6)缝份及布纹线处理

步骤一:点击【设定/增加缝份量】图标 ▦ 或按【Shift】+【F7】,按底摆线"2",其他周边线"1"完成缝份的处理。

步骤二:单击菜单【线段】→【修改线段】→【构成平行线】,完成布纹线的修改和调整,如图4-83所示。

三、鱼尾裙样版设计

1. 款式资料

款式图、结构图、缝份图如图4-84~图4-86所示,规格见表4-5。

表4-5 鱼尾裙规格表 单位:cm

部位	裙长(L)	腰围(W)	臀围(H)
尺寸	68	68	92

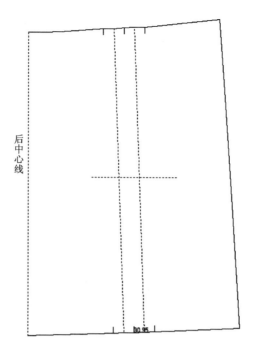

后中心线

图4 –82 后裙片对称图

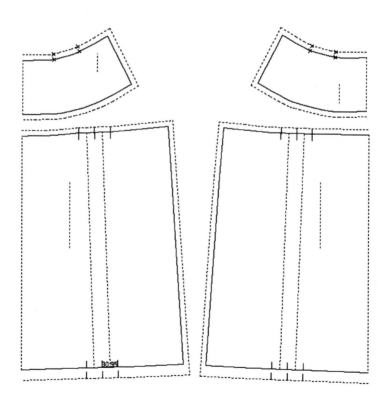

图4 –83 育克分割裙加放缝份

图 4-84 鱼尾裙款式图

正面　　　　　背面

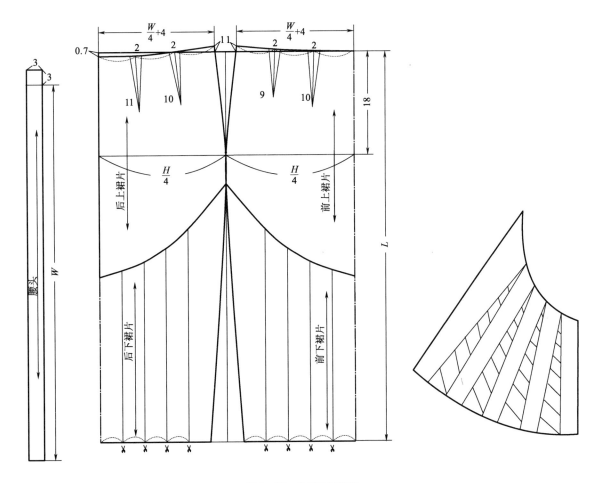

图 4-85 鱼尾裙结构图

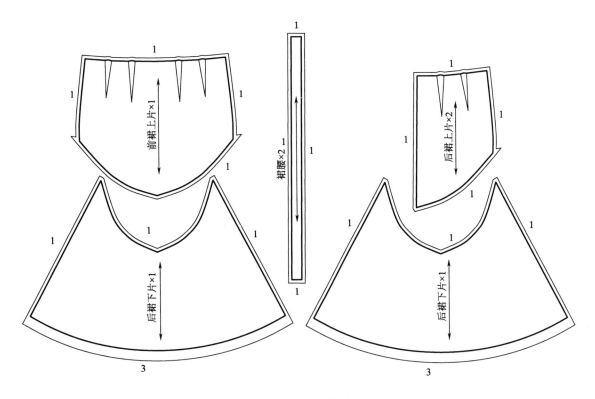

图 4 -86 鱼尾裙放缝份图

2. 样版设计过程（单位:cm）

（1）鱼尾裙基本结构设计

按西装裙结构设计方法,做出裙腰围线、臀围线、侧缝线、底摆线等基础结构设计线,如图 4 -87所示。

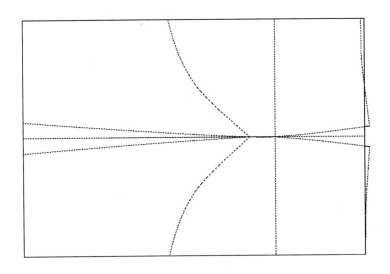

图 4 -87 鱼尾裙基础线设计

（2）套取裙样片

点击【套取样片】图标 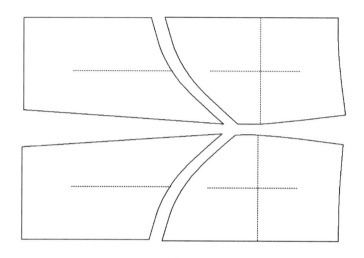 或按【Shift】+【F3】,在结构图上套取所需裙样片,如图 4 - 88 所示。

图 4 - 88　鱼尾裙基础样片

（3）后上裙片样版设计（以后裙片为例,前裙片相同）

步骤一:省道位置设计。点击【增加 X 记号点】图标 ,在工作区空白处单击鼠标右键,弹出菜单,选择【多个】→【线上定比例】命令,做出后裙片腰线三等分点。

步骤二:点击【增加褶图标】 ,选中后裙片的三等分点,在光标模式下移动鼠标,参照结构图切换成输入模式并输入省道长度,确定后输入省道宽度,确定后完成后裙片省道的制作。

步骤三:单击菜单【样片】→【尖褶】→【折叠尖褶】,勾选【包括折叠线】、【包括钻孔】、【包括剪口】等选项,然后按提示选择褶的折向,完成后裙片省道设计,如图 4 - 89 所示。

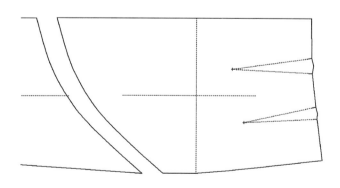

图 4 - 89　后上裙片省道设计

（4）后下裙片样版设计（以后裙片为例,前裙片类似）

步骤一:单击菜单【样片】→【延展弧度】,按提示依次选择延展线、折弯线、固定线,然后输入底摆的变化总量"20",完成后下裙片的底摆展开,如图4-90所示。

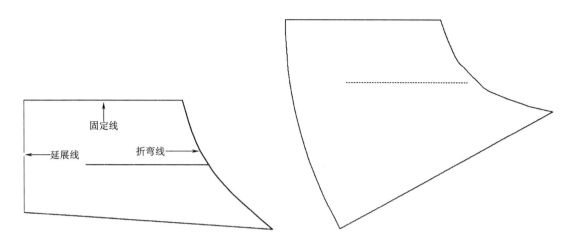

图4-90　后下裙片展开设计

步骤二:产生对称片。点击【产生对称片】图标 ▨ ,做出后下裙片的对称片,如图4-91所示。

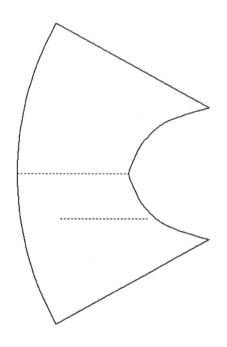

图4-91　后下裙片对称展开

(5)缝份及布纹线处理

步骤一:点击【设定/增加缝份量】图标 ▨ 或按【Shift】+【F7】,按底摆线"3",其他周边线"1"完成缝份的处理。

步骤二:单击菜单【样片】→【缝份】→【反折角】,完成缝份角的处理。

完成后裙片样版设计。相同方法完成前片样版设计,如图 4 - 92 所示。

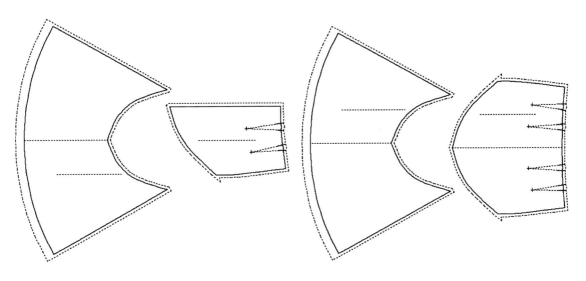

图 4 - 92　鱼尾裙加放缝份图

四、西裤样版设计

1. 款式资料

款式图、结构图、缝份图如图 4 - 93 ~ 图 4 - 95 所示,规格见表 4 - 6。

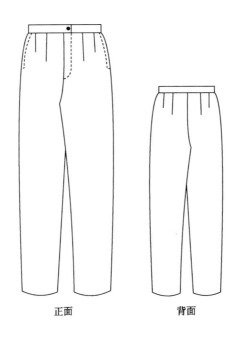

正面　　　　背面

图 4 - 93　西裤款式图

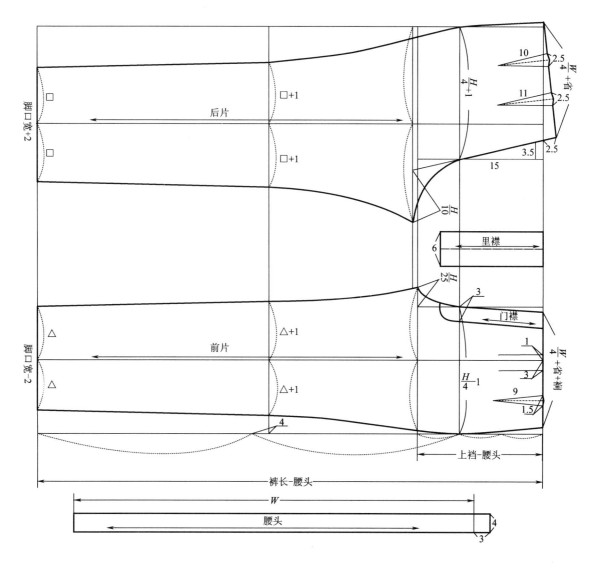

图 4-94 西裤结构图

表 4-6 西裤规格表

单位:cm

部位	裤长(L)	腰围(W)	臀围(H)	上裆宽	脚口宽
尺寸	104	69	98	29	22

2.样版设计过程(单位:cm)

(1)前裤片开样

步骤一:单击【长方形】图标 █ 或按【Shift】+【F6】,在工作区中选择长方形样片一个角的开始位置点,在光标模式下,在工作区中拖动鼠标,系统将使用第一个角为基准来创建一个长方形。

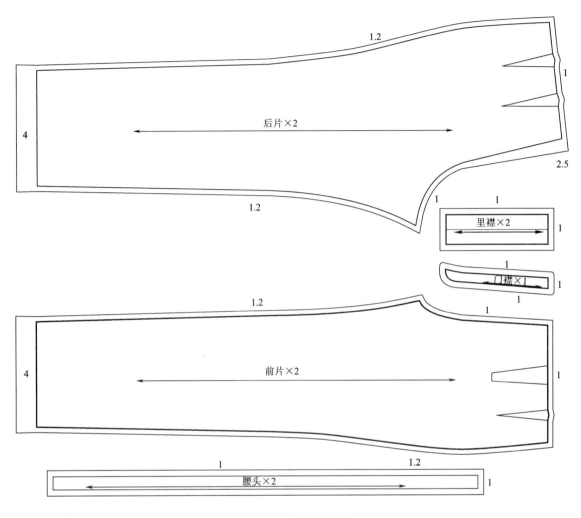

图 4 - 95　西裤放缝份图

步骤二:在适当位置按住左键后不放再按住右键,再同时释放,切换为输入模式,输入新的长方形样片的尺寸。这里,水平尺寸为"25",垂直尺寸为"$\frac{98}{4}$",单击【确定】按钮后,输入样片名称(默认即可)后,确定到命令结束即可,如图 4 - 96 所示。

(2)前裤片的臀围线、前裆宽、横裆线

步骤一:单击【平行复制】图标 或按【Ctrl】+【F4】,单击左键选择长方形左边线段作为复制对象,右键确定后,移动鼠标,在适当位置由光标模式切换成输入模式,在距离处输入" - 25/3",单击【确定】后,即画出臀围线,如图 4 - 97 所示。

步骤二:单击【隐藏显示周边线】图标 或按菜单查找【检视】→【线段】→【隐藏/显示】→【隐藏周边线】,将长方形左边线隐藏。

步骤三:单击【输入线段】图标 或按【Ctrl】+【F7】,在光标模式下,单击长方形下边线左端点,再单击长方形上边线左端点,然后在工作区空白处单击鼠标右键,弹出右键菜单,选择

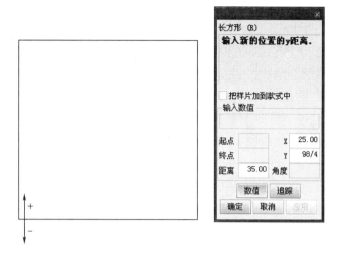

图4 -96　前裤片开样

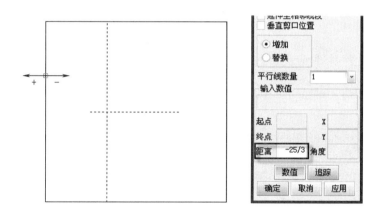

图4 -97　前裤片臀围线

【垂直】选项后,切换成输入模式,输入"$0.4 \times \dfrac{98}{10}$",确定后,切换成光标模式,右键确定结束操作,这样就完成前裆宽绘制,如图4 -98 所示。

（3）前片的裤中线

步骤一:单击【增加点图标】或按【Alt】+【F4】,在光标模式下,选中横裆线下端点并切换成输入模式,输入"0.7"后,确定结束操作,如图4 -99 所示。

步骤二:单击【输入线段】图标或按【Ctrl】+【F7】,光标模式下,在工作区空白处单击右键,选择【多个】→【线上定比例】,按文字提示,选择横裆线上端点以及下端"0.7"位置之间的等分点,并向右做水平线与腰围线相交,右键确定,做出上裆部分裤中线,如图4 -100 所示,在输入线段命令下,从裤中线最右端点向左做水平延长线,长度为"100",右键确定完成,如图4 -101 所示。

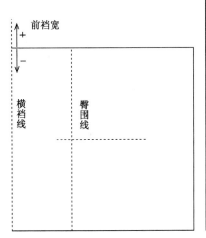

图 4 - 98　前裤片横裆线、臀围线、前裆宽示意图

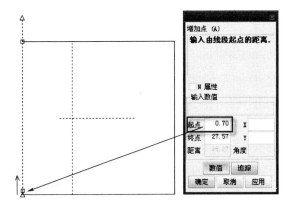

图 4 - 99　增加点

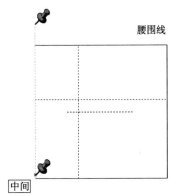

图 4 - 100　上裆部分裤中线

图 4 - 101　裤中线示意图

步骤三:单击【删除线段】图标 ⊠ 或按【Ctrl】+【F1】,删除"步骤二"中创建的裤中线重叠的上裆部分。

(4)前片中裆线、脚口线

步骤一:单击【增加点】图标 ⌐ 或按【Alt】+【F4】,在光标模式下,工作区空白处单击右键菜单,选择【交接点】后,先选臀围线再选裤中线,这样交接点位于裤中线上。

步骤二:单击【输入线段】图标 ʔ 或按【Ctrl】+【F7】,在输入模式下做出脚口线的一半"10"。光标模式下,在工作区空白处单击右键,选择【多个】→【线上定比例】,在裤中线上找出臀围线至脚口线的中点。以该中点为参考点,距离此点水平"4"处作垂直线,长为"11"。

步骤三:单击【对称线段】图标 ↰ ,绘出中裆线和脚口线的另一半,如图 4 - 102 所示。

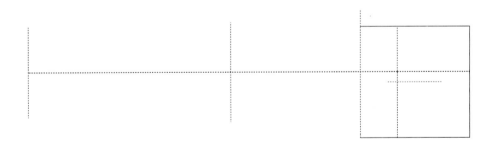

图 4 - 102　中裆线和脚口线

技巧提示:

因此步骤中相关的垂直线较多,故在此类操作中,可以使用【线段】→【创造垂直线】配合相应的选项来完成。频繁使用右键菜单或窗口菜单,可能会导致打版效率下降,这是因为菜单弹出及命令选择会存在一定延迟,故在实际操作中应总结适合自己的操作方法。

(5)前片腰围线和前裆弯弧线

步骤一:单击【增加点】图标 ⌐ 或按【Alt】+【F4】,以腰线上端点为参考,找出实际两个腰线位置点,第一个点 A 位于上端点下降 1 处,第二个点 B 与第一点 A 距离为"$\frac{69}{4}+4+1.5$",完成前腰围线 AB 的绘制。

步骤二:单击【输入线段】图标 🔾 或按【Ctrl】+【F7】,连接腰围线第一点 A 和臀围线上端点 C,确定后,在输入线段命令下,再单击臀围线上端点 C,然后右键菜单,选择【两点拉弧】,再选前裆宽点 D,调整弧线造型,完成前裆弧线绘制,如图 4 – 103 所示。

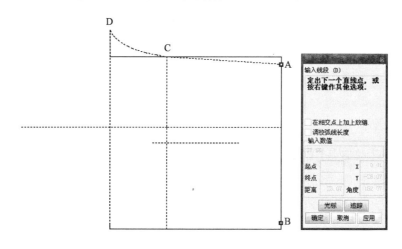

图 4 – 103　腰围线和前裆弧线

技巧提示:

　　【两点拉弧】可实现结构图中大部分简单弧线造型,该命令在两处执行,一处位于输入线段命令的右键菜单,另一处位于【线段】→【创造线段】→【两点拉弧】,快捷键是【Alt】+【8】。另外,对于造型复杂的曲线,可使用输入线段结合右键菜单中的【弧线】选项,可做出任意造型的弧线,也可以连续使用【两点拉弧】。画线若需要中间间隔时,可以按一下鼠标滚轮,即可快速断开当前线,在输入线段命令下继续画其他线。

(6)前片轮廓线

用【输入线段】🔾 连接脚口端点、中裆端点、前裆端点、腰围端点,即完成裤前片的结构设计,如图 4 – 104 所示。

(7)保存

单击【保存】按钮 💾 或按【Ctrl】+【S】,在制作过程中对样片进行保存。

(8)后片腰围线、臀围线、横裆线、中裆线、脚口线位置

步骤一:单击【平行复制】图标 ▥ 或按【Ctrl】+【F4】,将前片裤中线向上移动适当距离。

步骤二:单击【线外垂直线】图标 ◢ ,将前片纵向位置线延长,并做出后臀围宽线,如图 4 – 105所示。

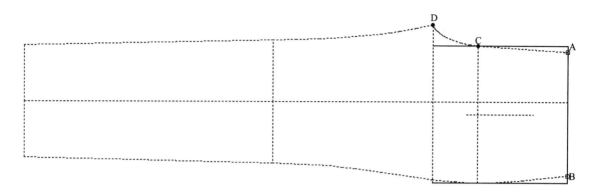

图 4 −104 前裤片轮廓线

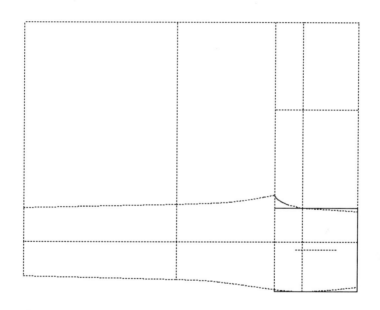

图 4 −105 后片基础线示意图

步骤三：用【输入线段】🔧做出两条水平线，长度均为"12"，两条水平线间距离为"3"，作为褶裥。

（9）后片后中心线、后裆宽、裤中线

步骤一：单击【平行复制】图标 🔲 或按【Ctrl】+【F4】，将后横裆线左移"1"，做出落裆量。

步骤二：用【输入线段】🔧做后中斜线。注意，此处斜线比例 15：3.5，要用到空间坐标（15,3.5）。

步骤三：用【沿线移动点】✛将后中斜线两个端点分别延长。

步骤四：用【修剪线段】📑将多余线头修剪。

步骤五：用【沿线移动点】✛做出后中起翘"2.5"。

步骤六：用【增加点】以后中心线与落裆线的交接点为参考,沿落裆线向下找到后裆宽点"98/10"。

步骤七：以后裆宽点为参照点,用【垂直平分线】和【线外垂直线】做出后片裤中线。如图 4 – 106 所示。

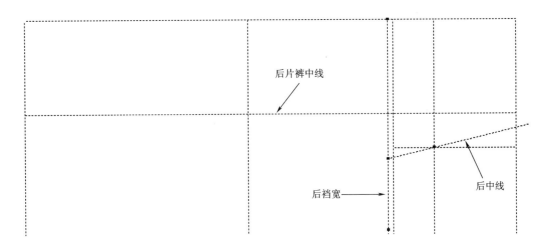

图 4 – 106　后片后中心线、后裆宽、裤中线

(10)后片脚口宽、中档宽

以后片裤中线与脚口线、中档线的交接点为参照,用【增加点】,找到后片脚口宽点和中档宽点。

(11)后片腰围线

步骤一：用【沿线移动点】将后片腰围线基准线适当延长。

步骤二：用【输入线段】结合右键菜单【画圆定点】,以"$\frac{69}{4}+5$"为半径做出后片腰围线。

技巧提示：

　　【画圆定点】操作可按以下步骤执行:在输入线段命令下,先单击右键选中【画圆定点】,先选圆心,再输入半径,确定后,左键点交点,这时弹出的菜单不能按【确定】,要选择【一般】,然后再连回圆心点。

(12)后裤片轮廓线

用【输入线段】连接脚口端点、中档端点、后裆端点、腰围端点,即完成后裤片的结构线,如图 4 – 107 所示。

(13)门襟、里襟及腰头设计

步骤一：选择【输入线段】,在前裤片上参考裤子结构图绘制出门襟的弧线。选择【套

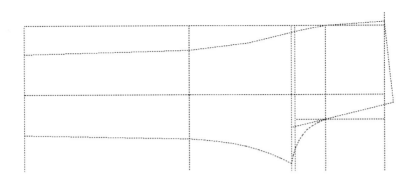

图 4 –107 后片轮廓线

取样片】产生门襟的净样。

步骤二:选择【长方形】工具,创造出两个长方形样片,其中一个水平方向为"22",垂直方向为"6",即得到里襟的净样,另一个水平方向为"72",垂直方向为"4",即得到腰头的净样。

(14)裤片样片处理

步骤一:产生净样。选择【套取样片】套取出前、后裤片的净样片,套取前裤片时将褶裥线作为内部线。

步骤二:省道设计。选择【增加 X 记号点】→【线上定比例】工具将后裤片腰围线三等分,并用此工具找出前裤片褶裥线与侧腰点的中点。用【增加尖褶】在等分点处参考裤子结构图设计出省道。用【折叠尖褶】将省道闭合。

步骤三:放缝。点击【设定/增加缝份量】图标 或按【Shift】+【F7】,然后依次单击需要增加缝份的前裤片、后裤片、门襟、里襟及腰头的净样,右键确定后输入缝份量"1",点击前、后脚口线,输入缝份量"3",同时要结合【缝份】→【反折角】工具。另外,后裤片的后中线放缝时要使用【手动】→【不均匀】。放缝完成图如图 4 –108 所示。

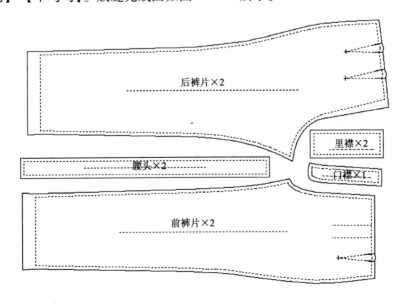

图 4 –108 裤子样片加放缝份图

五、衬衫样版设计

1. 款式资料

款式图、结构图、缝份图如图4-109~图4-111所示,规格见表4-7。

正面　　　　　　　　　　　　背面

图4-109　衬衫款式图

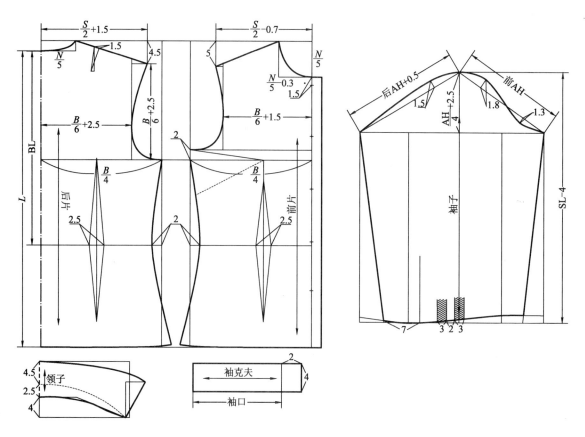

图4-110　衬衫结构图

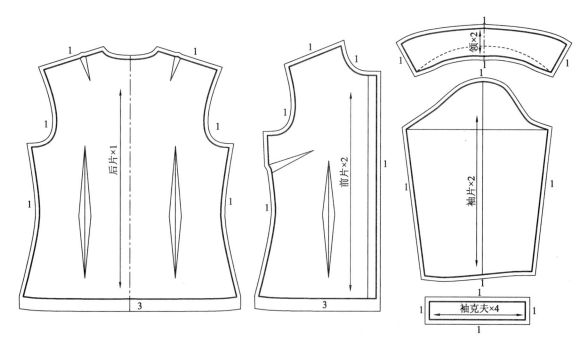

图4-111 衬衫放缝份图

表4-7 衬衫规格表 单位:cm

部位	衣长(L)	胸围(B)	肩宽(S)	背长(BL)	领围(N)	袖长(SL)
尺寸	64	98	40	40	35	53

2.样版设计过程（单位:cm）

（1）后片开样

单击【长方形】图标 □ 或按【Shift】+【F6】,在工作区中创建样片,水平方向"66",垂直方向"$\frac{98}{4}$",如图4-112所示。

图4-112 后片开样

（2）定后片胸围线、腰围线

单击【平行复制】图标 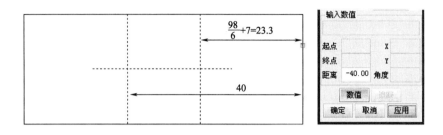 或按【Ctrl】+【F4】，以右边线为参照，做出距右边线"$\frac{98}{6}+7=23.3$"

的胸围线，距右边线"40"的腰围线，如图 4－113 所示。

图 4－113　定后片胸围线、腰围线

（3）定后片领圈弧线

单击【输入线段】图标 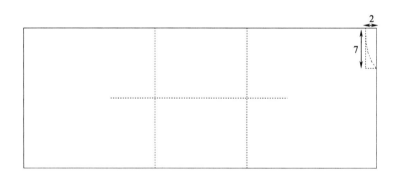 或按【Ctrl】+【F7】，结合右键菜单中的【垂直】、【水平】、【两点拉
弧】做出后领圈弧线，后领深"2"，后领宽"7"，如图 4－114 所示。

图 4－114　定后片领圈弧线

（4）定后片肩线

单击【输入线段】图标 或按【Ctrl】+【F7】，在光标模式下，以后颈肩点为参照点，切换成

输入模式，在输入框输入（X，Y）相对坐标数值（$-4.5，-\frac{S}{2}-1.5-$ 后领宽）定肩斜，并与后颈

肩点连接定出后肩线。

（5）定后片背宽线

单击【输入线段】图标 或按【Ctrl】+【F7】，结合右键菜单【水平】、【垂直】选项，在胸围

线上量后背宽"$\frac{98}{6}+2.5=18.3$"定点做水平线，如图 4－115 所示。

（6）后片袖窿弧线

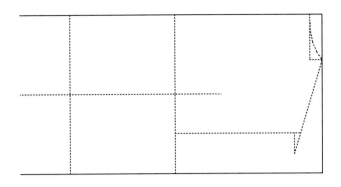

图4－115　定后片肩线与背宽线

单击【两点拉弧】图标 或按【Alt】+【8】，做出后袖窿弧线 AB，如图4－116 所示。【两点拉弧】需主观判断弧线位置，不是很精确。

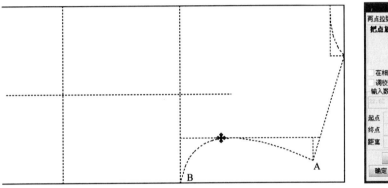

图4－116　定后片袖窿弧线

（7）后片侧缝线

单击【输入线段】图标 或按【Ctrl】+【F7】，结合右键菜单【弧线】选项，参照结构图做出侧缝线，如图4－117 所示。

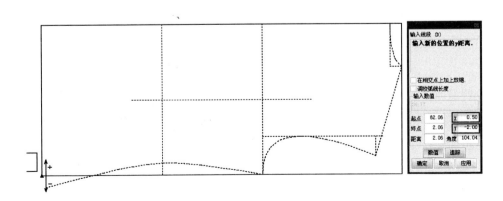

图4－117　定后片侧缝线

145

（8）后片下摆线

单击【输入线段】图标 🕊 所示或按【Ctrl】+【F7】，结合右键菜单【弧线】选项，参照结构图做出下摆线，如图 4 - 118 所示。

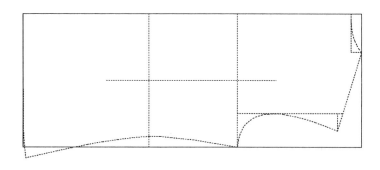

图 4 - 118　定后片下摆线

（9）前片开样

点击菜单【复制样片】或图标 🖳 ，将后片进行复制，然后删除多余的内部线，仅保留胸围线、腰围线，如图 4 - 119 所示。

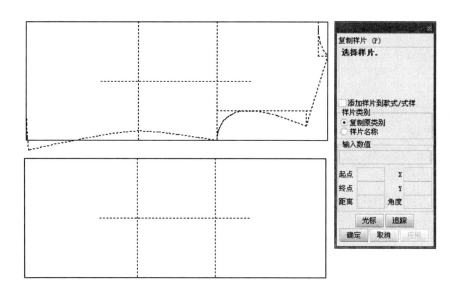

图 4 - 119　前片开样

（10）调整前片胸围线

单击【平行复制】图标 🔲 或按【Ctrl】+【F4】，将原胸围线向右平移"2"，如图 4 - 120 所示。

（11）定前片领圈弧线

单击【输入线段】图标 🕊 或按【Ctrl】+【F7】，结合右键菜单中的【垂直】、【水平】、【两点拉弧】做出前领圈弧线，前领宽"$\frac{35}{5} - 0.3 = 6.7$"、前领深"$\frac{35}{5} = 7$"，如图 4 - 121 所示。

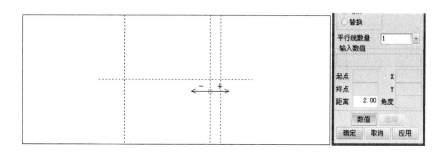

图 4-120 定前胸围线

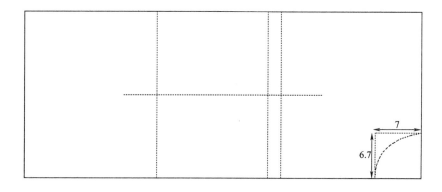

图 4-121 定前片领圈弧线

（12）定前片肩线

单击【输入线段】图标 或按【Ctrl】+【F7】，在光标模式下，以前颈肩点为参考点，切换成输入模式，在输入框输入（X，Y）相对坐标$(-5, \frac{S}{2} - 0.7)$，并与前颈肩点连接定出前肩线，如图4-122 所示。

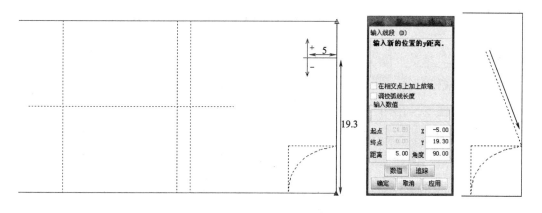

图 4-122 定前片肩线

（13）定前胸宽线

单击【输入线段】图标 🐛 或按【Ctrl】+【F7】，结合右键菜单【水平】、【垂直】选项，在胸围线上定前胸宽"$\frac{98}{6}+1.5=17.83$"，连接到肩斜线，如图 4–123 所示。

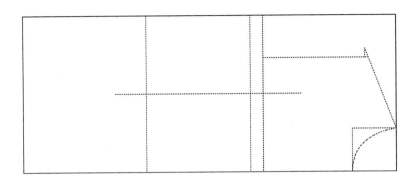

图 4–123　定前胸宽线

（14）前片袖窿弧线

单击【两点拉弧】图标 ⌣ 或按【Alt】+【8】，过前肩点和前腋下点做出前袖窿弧线，如图 4–124 所示。

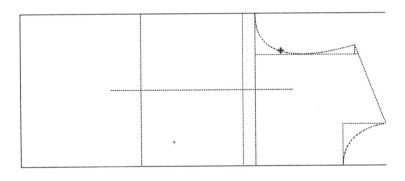

图 4–124　定前片袖窿弧线

（15）前片侧缝线及下摆线

单击【输入线段】图标 🐛 或按【Ctrl】+【F7】，结合右键菜单【弧线】选项，参照结构图做出前片侧缝线及下摆线，如图 4–125 所示。

（16）前片胸省

单击【输入线段】图标 🐛 或按【Ctrl】+【F7】，连接 E 点、F 点（E 点为胸宽线到前中心线等分位置），如图 4–126 所示。

（17）前、后片腰省

步骤一：单击【增加点】图标 🐾 或按【Alt】+【F4】，从后腰围线上找出侧缝线与后中心线

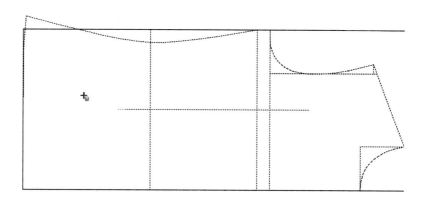

图4-125 定前片侧缝线及下摆线

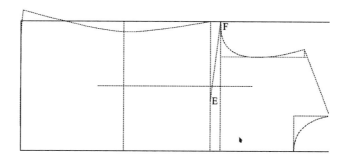

图4-126 定前片胸省

的中点,以及腰省的省宽点。

步骤二:单击【输入线段】图标 或按【Ctrl】+【F7】,做出后片腰省。相同方法做出前片腰省,如图4-127所示。

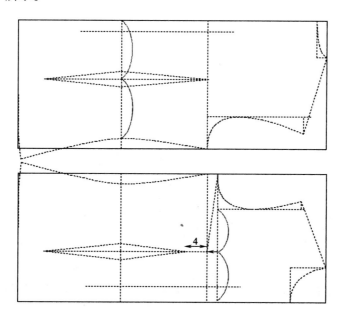

图4-127 定前、后片腰省

（18）前片搭门及腋下省位置

单击【输入线段】图标 🐛 或按【Ctrl】+【F7】，做出前搭门"2"，腋下省位根据款式图可以自行确定，这里取"7"，如图 4 – 128 所示。

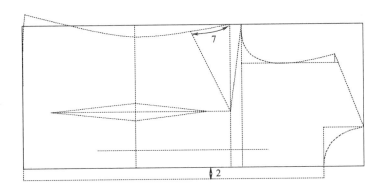

图 4 – 128　定前片搭门及腋下省位置

（19）袖子制图

步骤一：单击【量度】→【线段长】图标 📏 ，分别量取前、后袖窿弧线长度，如图 4 – 129 所示。

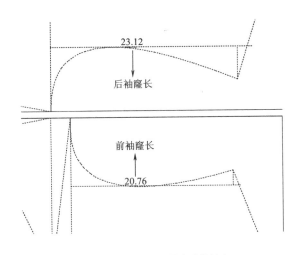

图 4 – 129　定前、后袖窿弧线长度

步骤二：单击【长方形】图标 □ 或按【Shift】+【F6】，垂直方向以前、后袖窿弧线总长"45"、水平方向以袖长"50"为尺寸做长方形。

步骤三：单击【输入线段】图标 🐛 或按【Ctrl】+【F7】，结合右键菜单【中间点】，做出长方形的水平平分线即袖中线；在输入线段命令下，做出袖肥线，袖山高线为"12"；继续在输入线段状态下，结合右键菜单【画圆定点】或【以末点为圆心作圆定点】，根据量取的前、后袖窿弧线长，做出前、后袖山斜线，如图 4 – 130 所示。

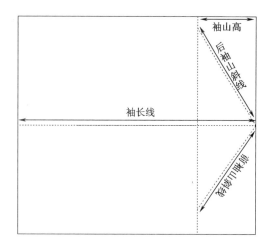

图4－130　定袖子基本线

步骤四:单击【线上垂直线】图标 ,在该命令下,以线段长为参考,通过输入比例数值如 $\frac{3}{4}$(也可以通过增加等分点来实现),根据袖子的结构参考图做出袖山斜线上的垂线,即袖山弧线的参考点,如图4－131所示。

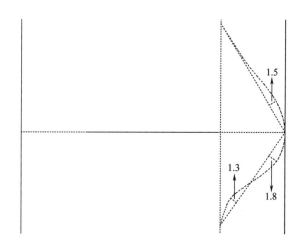

图4－131　定袖山弧线的参考点

步骤五:单击【输入线段】图标 或按【Ctrl】+【F7】,结合右键菜单,做出袖子其他部位的结构线,如图4－132所示。

步骤六:单击【长方形】图标 或按【Shift】+【F6】,作袖克夫长方形长"22",宽"4",如图4－133所示。

(20)领子制图

步骤一:单击【量度】→【线段长】图标 ,分别量取前、后领圈弧线长度,如图4－134所示。

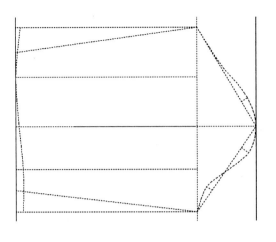

图4-132　完成袖结构图

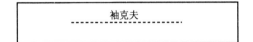

图4-133　袖克夫

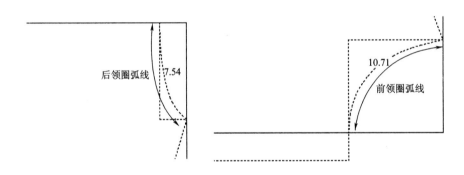

图4-134　量取前、后领圈弧线长度

步骤二:单击【长方形】图标 □ 或按【Shift】+【F6】,垂直方向以"11"、水平方向以前、后领圈弧线总长做长方形。

步骤三:单击【输入线段】图标 ♌ 或按【Ctrl】+【F7】,结合右键菜单,绘出领子的结构图,如图4-135所示。

(21)套取样片

步骤一:点击【套取样片】图标 ⌷ 或按【Shift】+【F3】,在工作区中依次套取衬衫前片、后片、袖片、领片。

步骤二:点击【修剪线段】图标 ⌷ ,将多余的内部线修剪掉,如图4-136所示。

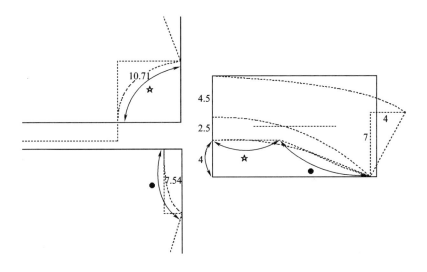

图 4 – 135　领子结构图

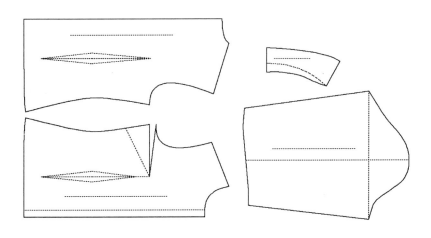

图 4 – 136　修剪线段

（22）省道处理

步骤一：点击【增加褶】图标 ，做出后片的肩省，如图 4 – 137 所示。

步骤二：点击【旋转】图标 ，将前片胸省转移至腋下位置（提示：若不是尖褶，需要用合并线段或【转换为尖褶】，制作符合要求的尖褶，即褶尖为中间点，褶脚为端点），如图 4 – 138 所示。

步骤三：点击【更改褶尖】图标 ，修改腋下省尖点位置，如图 4 – 139 所示。

步骤四：点击【褶子两股等长】，调节省道的两边线长度一致。

步骤五：点击【折叠尖褶】图标 ，在选择褶的折向处，选中包括折叠线复选框，依次单击各个省道边线，完成省道的闭合。

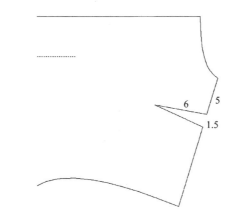

图 4-137　后片肩省

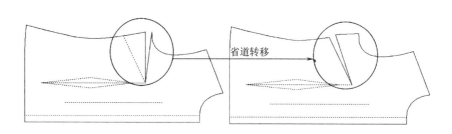

图 4-138　胸省转移至腋下

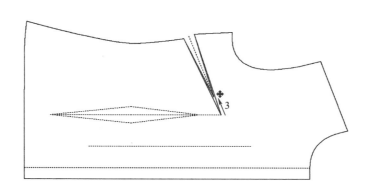

图 4-139　修改腋下省尖点位置

（23）产生对称样片

点击【产生对称片】图标，将后片、领片产生对称片，并折叠。

（24）加放缝份

点击【设定/增加缝份量】图标，给相应的样片的线段加放缝份（底边使用【反折角】，关于缝份角将在后面应用中具体阐述），完成后如图 4-140 所示。

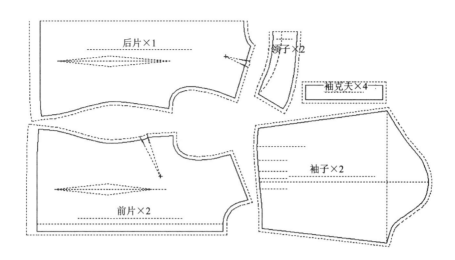

图4－140 加放缝份

六、合体外套结构设计

1.款式资料

款式图、结构图、缝份图如图4－141～图4－143 所示,规格见表4－8。

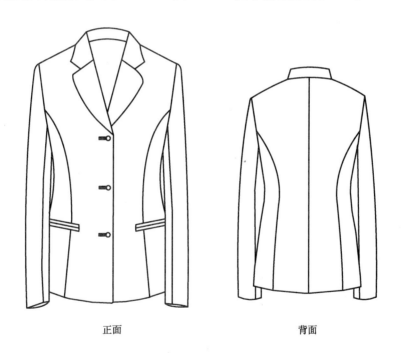

正面 背面

图4－141 合体外套款式图

表4－8 合体外套规格表 单位:cm

部位	衣长(L)	胸围(B)	腰围(W)	臀围(H)	肩宽(S)	袖长(SL)	袖口围
尺寸	57	96	78	100	40	57	25

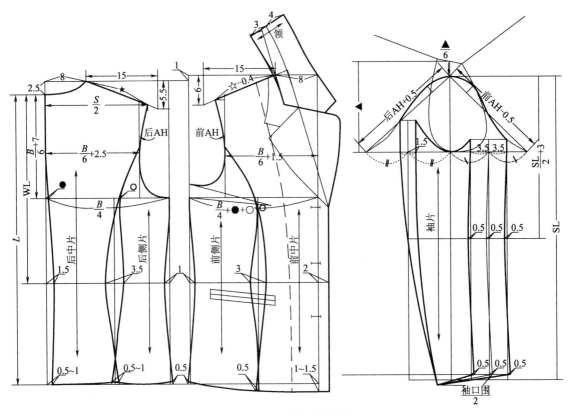

图 4 –142　合体外套结构图

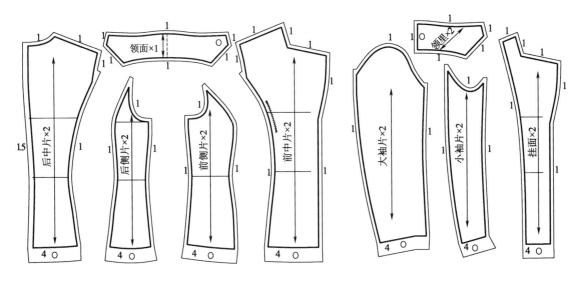

图 4 –143　合体外套放缝图

2. 样版设计过程（单位：cm）

（1）后片制图

步骤一:点击【长方形】图标 □ 或按【Shift】+【F6】,在工作区中创建样片,水平方向长度"59.5",垂直方向长度"96/4"。

步骤二:点击【输入线段】图标 ᘓ 或按【Ctrl】+【F7】,结合右键菜单中的【垂直】、【水平】、【两点拉弧】绘出后领圈弧线,后领深"2.5",后领宽"8"。

步骤三:在【输入线段】命令下,以后中心点为参考点绘出胸围线"$\frac{98}{6} + 7 = 22$",腰围线"38"。

步骤四:在【输入线段】命令下,以后颈肩点为参照,切换成输入模式,在输入框输入(X,Y)相对坐标数值(-5,-15),定出肩斜线,过右边的垂直线上一点即肩宽点"$\frac{S}{2}$",做水平线并与肩线相交,如图4-144所示。

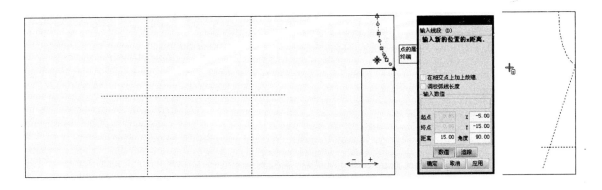

图4-144　定出后肩

步骤五:在【输入线段】命令下,结合右键菜单【水平】,在胸围线上定背宽"$\frac{98}{6} + 2.5 = 18.8$",绘背宽线,如图4-145所示。

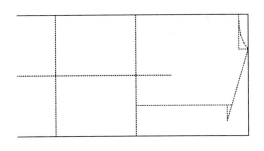

图4-145　定出背宽线

步骤六:点击【两点拉弧】图标 ◡ 或按【Alt】+【8】,以肩点A和后胸围点B为参照,做出后袖窿弧线AB,如图4-146所示。

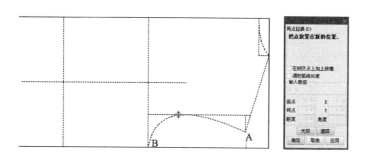

图 4 – 146   定后袖窿弧线造型

步骤七:点击【输入线段】图标 🐍 或按【Ctrl】+【F7】,结合右键菜单【弧线】选项,参照结构图做出侧缝线和后中缝线,如图 4 – 147 所示。

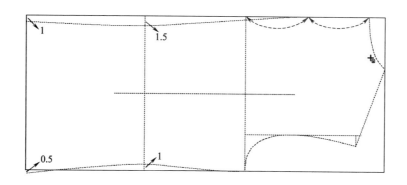

图 4 – 147   定侧缝线和后中缝线

步骤八:点击【修改线段】→【分割线段】图标 🔺 或按【Ctrl】+【F10】,参照结构图,将腰线省位进行分割,如图 4 – 148 所示。

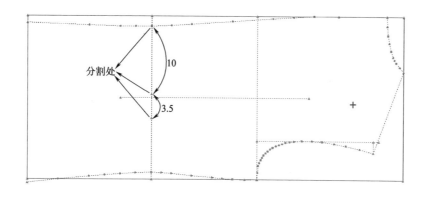

图 4 – 148   定腰线省位

步骤九:点击【输入线段】图标 🐍 或按【Ctrl】+【F7】,结合右键菜单【弧线】和【两点拉弧】

选项,参照结构图做出后片分割线及下摆线,如图4-149 所示。

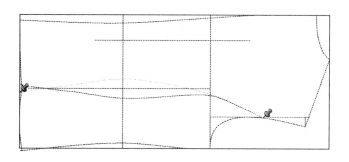

图4-149 定后片分割线及下摆线

(2)前片制图

步骤一:点击【复制样片】图标,复制后片,然后删除多余的内部线,仅保留胸围线、腰围线,得到前片框架,如图4-150 所示。

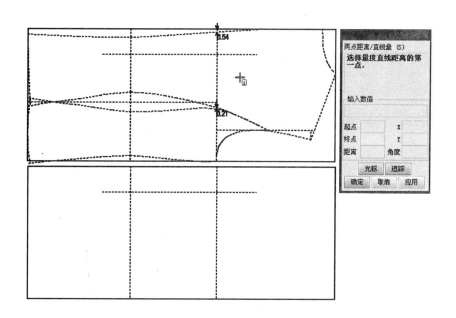

图4-150 前片框架图

步骤二:点击【修改线段】→【移动线段】图标 或按【Ctrl】+【F2】,将右边线向右水平移动"1",将上边线向上移动后片胸围减小量"0.75"(0.54 + 0.21 = 0.75,如图4-150 所示),如图4-151 所示。

步骤三:点击【修改线段】→【分割线段】图标 或按【Ctrl】+【F10】,在移好的右边线上做出前横开领的位置"8"。

步骤四:点击【输入线段】图标 或按【Ctrl】+【F7】,在光标模式下,以前颈肩点为参照,

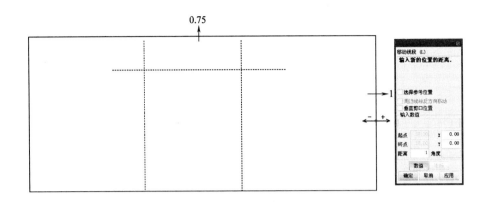

图 4 –151　定前片胸围线

切换成输入模式,在输入框内输入(X,Y)相对坐标数值(–6,15),定出肩斜方向,如图 4 –152 所示。

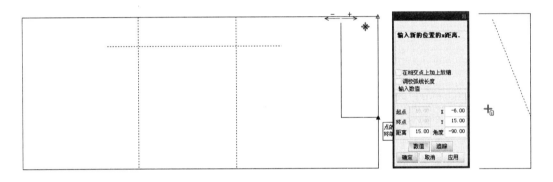

图 4 –152　定肩斜线

步骤五:点击【量度】→【线段长】图标 ,测量后肩线长度。

步骤六:点击【修改线段】→【分割线段】图标 或按【Ctrl】+【F10】,以后肩线长度 "–0.3",做出前肩端点,并将肩斜线上多余线段删除,如图 4 –153 所示。

步骤七:点击【输入线段】图标 或按【Ctrl】+【F7】,结合右键菜单【水平】、【垂直】选项, 在胸围线上定胸宽"$\frac{98}{6}+1.5=17.83$"做出胸宽线。

步骤八:点击【增加点】图标 或按【Alt】+【F4】,以长方形右下角点为参照,以(–24.5, 9)的相对值,做出 BP 点位置,如图 4 –154 所示。

步骤九:点击【输入线段】图标 或按【Ctrl】+【F7】,连接 BP 点与胸围线侧缝点,做出胸 省的一条边线。

步骤十:点击【创造线段】→【创造旋转线段】图标 ,将上一步中胸省边线的端点沿侧缝

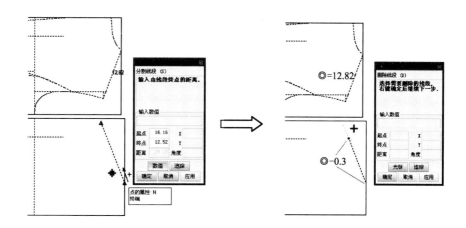

图 4 – 153　定前肩点

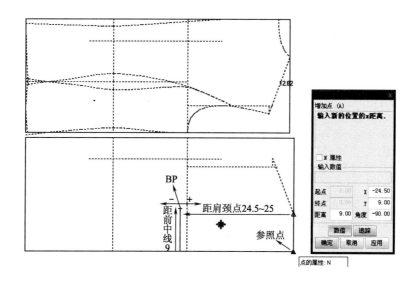

图 4 – 154　定 BP 点

线旋转"2.5",如图 4 – 155 所示。

步骤十一:点击【输入线段】图标🔲 或按【Ctrl】+【F7】,参照结构图做出前袖窿弧线、侧缝线、下摆线、搭门线,如图 4 – 156 所示。

步骤十二:点击【修改线段】→【分割线段】图标🔲 或按【Ctrl】+【F10】,参照结构图,将腰线省位进行分割,如图 4 – 157 所示。

步骤十三:点击【输入线段】图标🔲 或按【Ctrl】+【F7】,结合右键菜单【弧线】和【两点拉弧】选项,参照结构图做出前片分割线,如图 4 – 158 所示。

步骤十四:点击【修改点】→【沿线移动点】图标🔲,将肩斜线从颈肩点向颈部方向延长"2.5",得到翻驳线的基点。

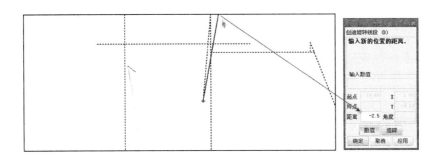

图 4 - 155　定前腋下点

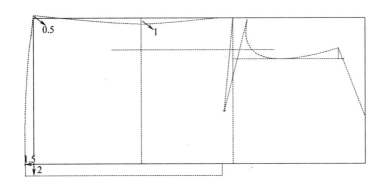

图 4 - 156　定前袖窿弧线、侧缝线、下摆线、搭门线

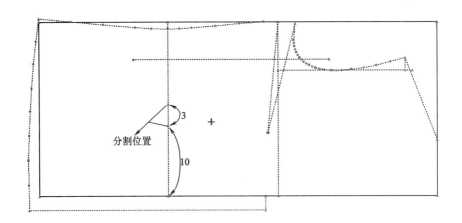

图 4 - 157　分割腰线省位

步骤十五:点击【输入线段】图标 🖉 或按【Ctrl】+【F7】,连接搭门止点和基点,并使用【修改点】→【沿线移动点】适当延长,得到翻驳线,如图 4 - 159 所示。

步骤十六:点击【平行复制】图标 🖾 或按【Ctrl】+【F4】,做翻驳线过颈肩点的平行线"2.5"。

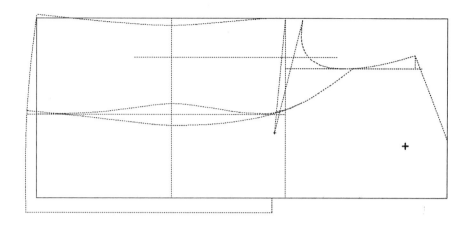

图 4 – 158 前片分割线

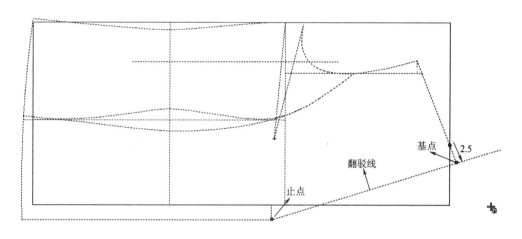

图 4 – 159 翻驳线

步骤十七：点击【输入线段】图标 或按【Ctrl】+【F7】，做驳头部分的造型线。

步骤十八：点击【对称线段】图标 ，将驳头部分按翻驳线对折。

步骤十九：点击【修改点】→【沿线移动点】图标 ，将串口线与翻驳线的交点延长，并与翻驳线平行线相交。

步骤二十：点击【修改线段】→【修剪线段】图标 或按【Ctrl】+【F8】，将多余线头修剪掉，完成前片的结构制图，如图 4 – 160 所示。

步骤二十一：点击【输入线段】图标 或按【Ctrl】+【F7】，做出挂面的造型线。

（3）领子制图

步骤一：点击【量度】→【线段长】图标 ，测量后领圈弧线长度（本例为“8.65”）。

步骤二：点击【修改线段】→【分割线段】图标 或按【Ctrl】+【F10】，结合右键菜单【交接

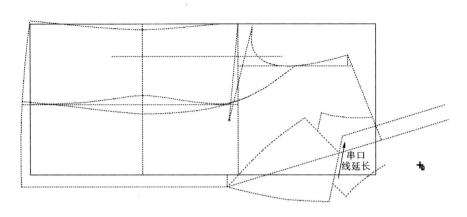

图4-160　前片结构制图

点】选项,将翻驳线的平行线在颈肩点处分割。

　　步骤三:点击【创造垂直线】→【线上垂直线】图标 ,以上一步分割点为参照点,以后领圈弧线长做垂线,垂线长度为"2.5",得到倒伏量。

　　步骤四:点击【显示比例】→【放大】按钮 或按【F7】或使用鼠标滚轮,将领子局部放大。

　　步骤五:点击【输入线段】图标 或按【Ctrl】+【F7】,连接倒伏量点和"步骤二"中分割点。

　　步骤六:点击【创造垂直线】→【线上垂直线】图标 ,在"步骤五"的连线上,以后领圈弧线长做垂线,垂线长度为"7.5"。

　　步骤七:点击【输入线段】图标 或按【Ctrl】+【F7】,连接领子外口弧线、下口弧线及翻驳线上端弧线造型,完成后如图4-161所示。

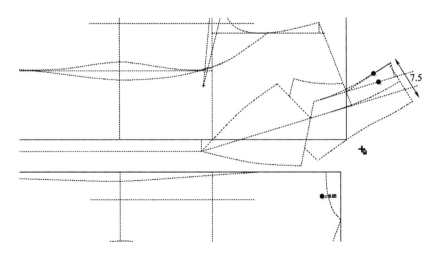

图4-161　领子设计

（4）袖子制图

步骤一：点击【量度】→【线段长】图标 ⬒，测量前、后袖窿弧线长。

步骤二：点击【长方形】图标 ☐ 或按【Shift】+【F6】，在工作区中创建样片，水平方向袖长"57"，垂直方向为"步骤一"测量的前、后袖窿弧线总长，做出袖片基础框。

步骤三：点击【平行复制】图标 ⬚ 或按【Ctrl】+【F4】，做出袖中线。

步骤四：点击【创造线段】→【复制线段】图标 ⬚ 或按【Ctrl】+【F5】，将前、后袖窿弧线以及对应的肩斜线、胸围线复制到袖片基础框中（复制时，要选中【选择参考位置】选项，前、后胸围大点要对齐）。

步骤五：点击【修改线段】→【旋转线段】图标 ⬚，对前片复制部分进行旋转，使得前、后胸围线在一条线上，如图4－162所示。

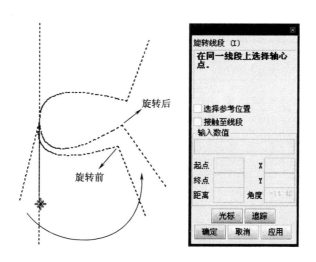

图4－162　调整前袖窿弧线

步骤六：点击【输入线段】图标 ⬚ 或按【Ctrl】+【F7】，连线前、后肩端点。

步骤七：点击【创造垂直线】→【线外垂直线】图标 ⬚，结合右键菜单，过前、后肩端点连线中点做胸围线的垂线。

步骤八：点击【增加点】图标 ⬚ 或按【Alt】+【F4】，结合右键菜单，将"步骤七"中垂线六等分，如图4－163所示。

步骤九：点击【修改线段】→【移动线段】图标 ⬚，将复制部分线段以六等分点为参考点，移动到袖子框架图中袖中线的右端点，得到袖肥线位置，如图4－164所示。

步骤十：点击【输入线段】图标 ⬚ 或按【Ctrl】+【F7】，结合右键菜单【画圆定点】，以袖山高点为圆心，分别以"后袖窿弧线长＋0.5"，"前袖窿弧线长－0.5"，做出前、后袖山斜线，如图4－165所示。

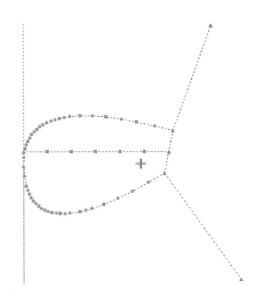

图 4 - 163　等分线段

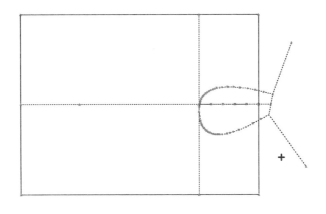

图 4 - 164　定袖肥线

步骤十一:点击【创造垂直线】→【线上垂直线】图标 ，在袖山斜线适当位置做垂线。

步骤十二:点击【输入线段】图标 或按【Ctrl】+【F7】,结合右键菜单【弧线】或【两点拉弧】,做出袖山弧线的造型,如图 4 - 166 所示。

步骤十三:点击【创造垂直线】→【垂直平分线】图标 ，结合右键菜单【交接点】,做出袖子前、后侧缝基础线。

步骤十四:点击【平行复制】图标 或按【Ctrl】+【F4】,以前侧缝基础线为参照,平行距离为"3.5",做大、小袖片侧缝基础线;并在【平行复制】命令下,按"$\frac{57}{2}+2$"做出袖肘线,按"1"做出袖口线,如图 4 - 167 所示。

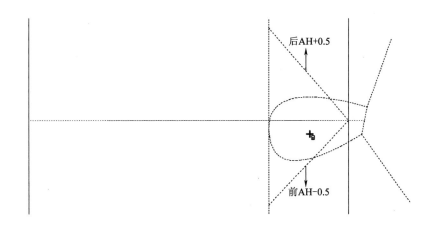

图4-165　定袖山斜线

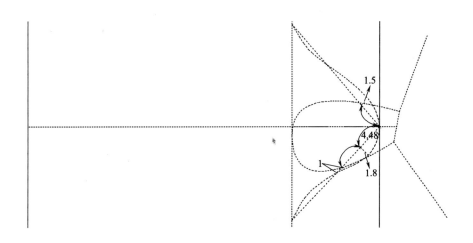

图4-166　袖山弧线

步骤十五：点击【修改线段】→【分割线段】图标 或按【Ctrl】+【F10】，结合右键菜单【交接点】选项，在袖肘线和袖口线上与前袖缝基础线处分割，以做偏袖线。

步骤十六：点击【输入线段】图标 或按【Ctrl】+【F7】，做出大袖片侧缝袖肥线以上部分。

步骤十七：点击【对称线段】图标 ，做出小袖片侧缝袖肥线以上部分。

步骤十八：点击【输入线段】图标 或按【Ctrl】+【F7】，结合右键菜单，做出大、小袖片外轮廓线，完成袖子基础线的结构设计，如图4-168所示。

（5）样片处理

步骤一：点击【套取样片】图标 或按【Shift】+【F3】，在工作区中依次套取后中片、后侧片、前中片、前侧片、挂面、领片、大袖片、小袖片。

步骤二：点击【修剪线段】图标 将多余的内部线修剪掉，如图4-169所示。

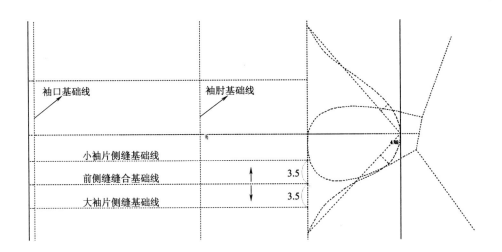

图 4-167　定袖肘线、袖口线

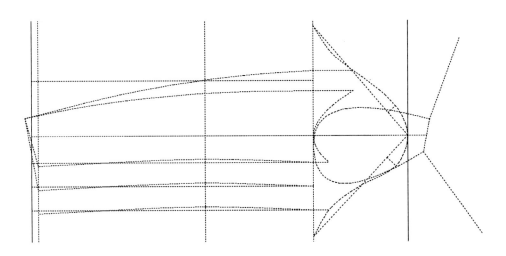

图 4-168　袖子结构线

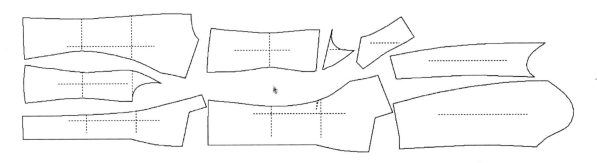

图 4-169　修剪线段

步骤三:点击【合并样片】图标 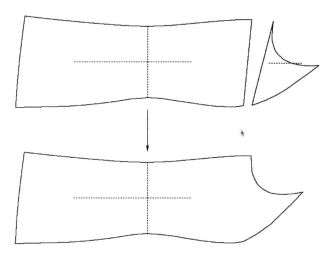,将前侧片两片在胸省位置合并,如图4-170所示。

图4-170　合并样片

步骤四:点击【创造样片】→【复制样片】 ,复制领子样片。

步骤五:点击【产生对称片】 ,将复制的领子以后中心线为对称轴对称,产生领面。

步骤六:点击【修改样片】→【旋转样片】 ,根据需要选择【执行对准】或【选择参考位置】等选项,将领子样片旋转正确。

步骤七:点击【修改样片】→【调对水平】 ,将领子样片布纹线调整好,如图4-171所示。

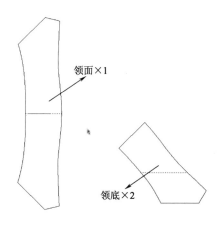

领面×1

领底×2

图4-171　调整布纹线

步骤八:点击【剪口】→【增加剪口】 ,为样片增加垂直剪口。

步骤九:点击【缝份】→【设定/增加缝份量】图标 ,给相应的样片及线段加放缝份,完成后如图4-172所示。

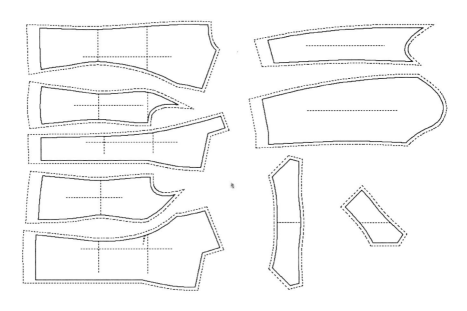

图 4 – 172　加放缝份

步骤十:点击【缝份】→【反折角】图标　，处理衣片及袖片的底摆折边。

步骤十一:点击【缝份】→【切直角】图标　，处理分割线位置的缝份角。

步骤十二:点击【缝份】→【交换裁/缝线】图标　，交换缝份线,完成后如图 4 – 173 所示。

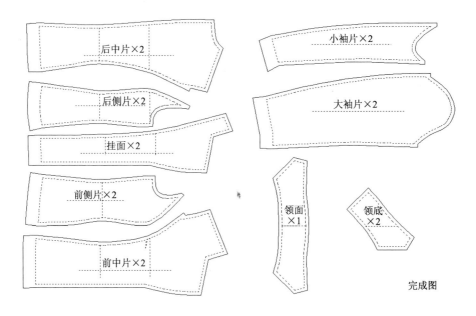

图 4 – 173　调整缝份图

第三节　男装样版设计

一、衬衫样版设计

1. 款式资料

款式图、结构图、缝份图如图 4 – 174 ~ 图 4 – 176 所示,规格见表 4 – 9。

正面　　　　　　　　　　　　　　背面

图 4 – 174　衬衫款式图

表 4 – 9　衬衫规格表　　　　　　　　　　　单位:cm

部位	衣长(L)	胸围(B)	肩宽(S)	袖长(SL)	领围(N)	腰节
尺寸	74	108	47	59	40	42.5

2. 样版设计过程 (单位:cm)

(1)后片制图

步骤一:点击【长方形】图标 ▢ 或按【Shift】+【F6】,在工作区中创建样片,水平方向"74"(衣长),垂直方向"$\frac{108}{2}$"($\frac{胸围}{2}$)。

步骤二:点击【平行复制】图标 ▣ 或按【Ctrl】+【F4】,以右边线为参考做出胸围线"$\frac{108}{5}$+4",腰围线"42.5"。

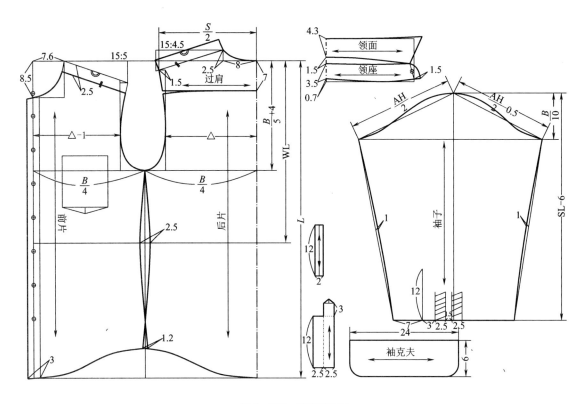

图 4-175 衬衫结构图

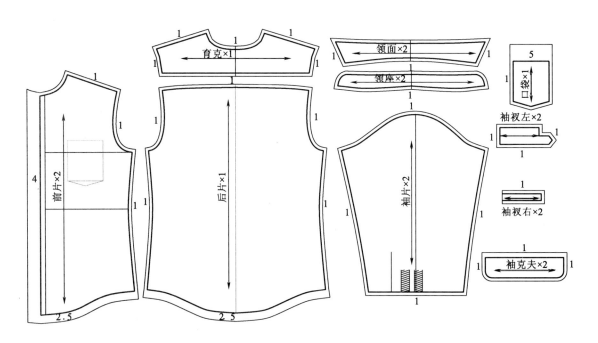

图 4-176 衬衫放缝份图

步骤三:点击【输入线段】图标 或按【Ctrl】+【F7】,取胸围线中点,做出侧缝基础线,如

图 4 - 177 所示。

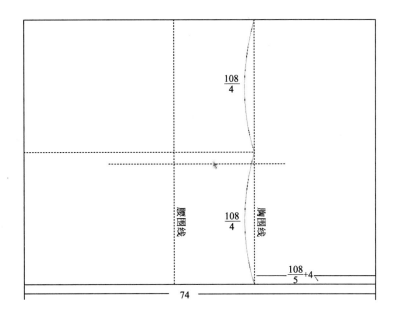

图 4 - 177 腰围线、胸围线、侧缝基础线

步骤四:点击【创造垂直线】→【线上垂直线】图标 ![icon], 取后领宽"$\frac{40}{5}$" ($\frac{领围}{5}$), 后领深 "2.5", 做出后领圈。

步骤五:点击【输入线段】图标 ![icon] 或按【Ctrl】+【F7】, 在光标模式下, 以后颈肩点为参照, 切换成输入模式, 在输入框输入(X,Y)相对坐标数值(-4.5, 15), 定出肩斜方向, 然后以后中点为参照点, 定后肩宽"$\frac{47}{2}$", 做水平线并与肩斜线相交, 如图 4 - 178 所示。

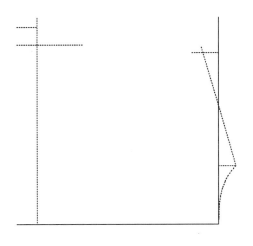

图 4 - 178 定后肩斜线

步骤六:点击【输入线段】图标 ⟲ 或按【Ctrl】+【F7】,结合右键菜单【水平】、【垂直】选项,在胸围线上定背宽(肩端点进"1.5"),做出背宽线。

步骤七:点击【两点拉弧】图标 ⌣ 或按【Alt】+【8】,以肩点 A 和后胸围点 B 为参照,做出后袖窿弧线造型,如图 4 - 179 所示。

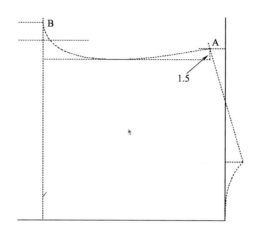

图 4 - 179 做后袖窿弧线

步骤八:点击【修改线段】→【分割线段】图标 ⊥ 或按【Ctrl】+【F10】,将腰节线在侧缝线交点处分割,在侧缝线距下摆"7"处分割。

步骤九:点击【创造垂直线】→【线上垂直线】图标 ⋌ ,在侧缝"7"分割处做侧缝垂线,垂线长度需在输入栏中进行设置,这里选【完整】,长度为"1.2",如图 4 - 180 所示。

图 4 - 180 定侧缝起翘

步骤十:点击【输入线段】图标 🦢 或按【Ctrl】+【F7】,结合右键菜单【弧线】选项,参照结构图做出侧缝线和下摆线及后过肩分割线,如图 4 - 181 所示。

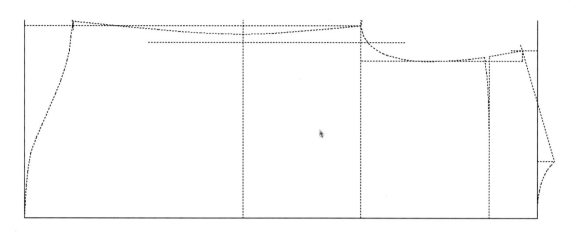

图 4 - 181　定后片侧缝线、下摆线及分割线

(2)前片制图

步骤一:点击【输入线段】图标 🦢 或按【Ctrl】+【F7】,按前领宽"7.6",前领深"8.5"做前领圈弧线。

步骤二:在【输入线段】图标 🦢 命令状态中,在光标模式下,以后颈肩点为参考点,切换成输入模式,在输入框输入(X,Y)相对坐标数值(-5 , -15),定出肩斜方向。

步骤三:点击【沿线移动点】图标 🕂 ,将肩线适当延长。

步骤四:点击【量度】→【两点距离直线量】 ⟋ ,测量后肩线长度,如图 4 - 182 所示。

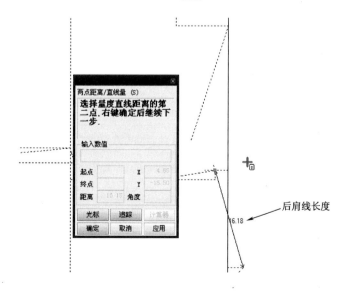

图 4 - 182　测量后肩线长度

步骤五:点击【修改线段】→【分割线段】图标 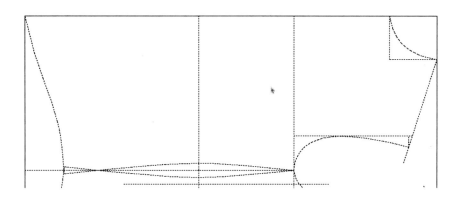 或按【Ctrl】+【F10】,按后肩线长度将前肩线分割,找到前肩端点。

步骤六:点击【量度】→【两点距离直线量】 ,测量后背宽。

步骤七:点击【输入线段】图标 或按【Ctrl】+【F7】,在胸围线上取胸宽 = 背宽 – 1cm,做出胸宽线。

步骤八:在【输入线段】图标 命令状态中,结合右键菜单【两点拉弧】选项,做出前袖窿弧线。

步骤九:在【输入线段】图标 命令状态中,结合右键菜单【弧线】选项,参照结构图做出侧缝线和下摆线,如图 4 – 183 所示。

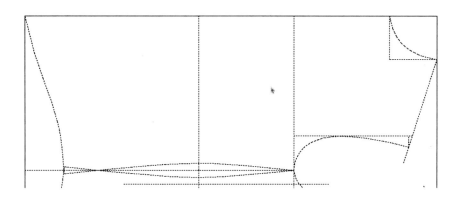

图 4 – 183　定侧缝和下摆线

步骤十:点击【平行复制】图标 或按【Ctrl】+【F4】,以前中心线为参考左右各"1.5"做出搭门线。

步骤十一:综合运用【沿线移动点】 和【修剪线段】 命令,完成搭门线。

步骤十二:点击【输入线段】图标 或按【Ctrl】+【F7】,绘出前胸袋。

至此,完成衬衫前、后片结构图,如图 4 – 184 所示。

(3)领子结构设计

步骤一:点击【量度】→【线段长】 ,测量前、后领圈弧线长度。

步骤二:点击【长方形】图标 或按【Shift】+【F6】,在工作区中创建样片,水平方向前、后领圈弧线长度为"21",垂直方向为领座和领面高度以及翻领量共"10",如图 4 – 185 所示。

步骤三:点击【修改线段】→【分割线段】图标 或按【Ctrl】+【F10】,依次按"0.7"、"3.5"、"1.5"、"4.2"将领后中心线分割。

步骤四:点击【输入线段】图标 或按【Ctrl】+【F7】,结合右键菜单,分别做出领座和领面结构图,如图 4 – 186 所示。

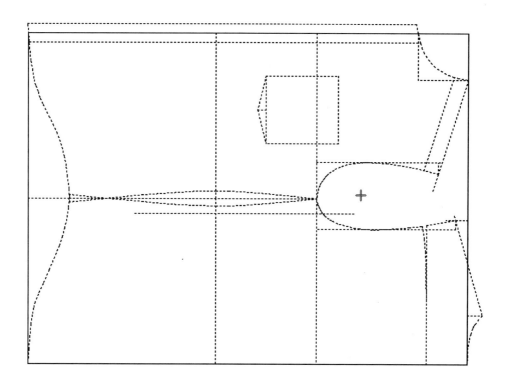

图 4 – 184　男衬衫前、后片结构设计

图 4 – 185　领子基础线

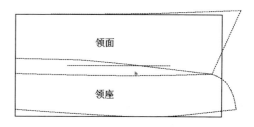

图 4 – 186　领子结构设计

（4）袖子结构设计

制作方法请参照女衬衫袖子结构设计，这里不再赘述。其中，袖克夫要结合【线段】→【创造圆形】→【增加圆角】完成，完成后结构图如图 4 – 187 所示。

（5）样片处理

步骤一：点击【套取样片】图标　或按【Shift】+【F3】，在工作区中依次套取后片、前片、袖片、领片、袖克夫、袖衩条、贴袋、过肩等。其中，过肩样片在套取后需要使用【合并样片】命令将所需样片合并。

步骤二：点击【修剪线段】图标　将多余的内部线修剪掉，如图 4 – 188 所示。

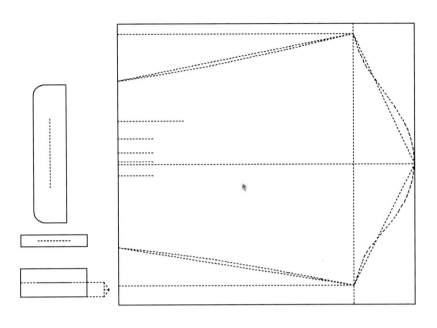

图 4 - 187　袖子结构设计

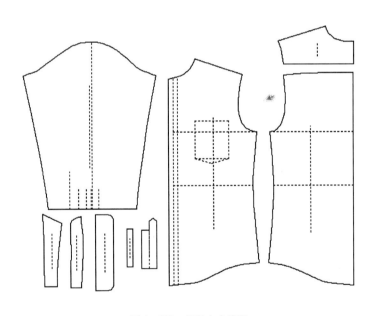

图 4 - 188　修剪多余线段

　　步骤三:点击【缝份】→【设定/增加缝份量】图标 ,给相应的样片及线段加放缝份(底边使用【反折角】,关于【缝份角】请参照前章节中的具体阐述)。

　　步骤四:点击【产生对称片】图标 ,完成后片、过肩和领子的对称操作,完成后如图 4 -189 所示。

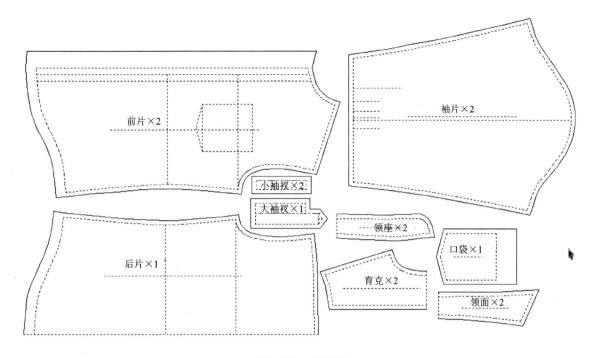

图 4 -189 完成样片

二、插肩袖夹克衫样版设计

1. 款式资料

款式图、结构图、缝份图如图 4 - 190 ~ 图 4 - 192 所示,规格见表 4 - 10。

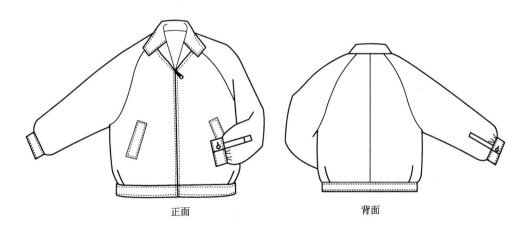

正面   背面

图 4 - 190 插肩袖夹克衫款式图

表 4 - 10 插肩袖夹克衫规格表   单位:cm

部位	衣长(L)	胸围(B)	肩宽(S)	肩袖长(SL)	袖口围	领围(N)
尺寸	67	124	52	77	27	46

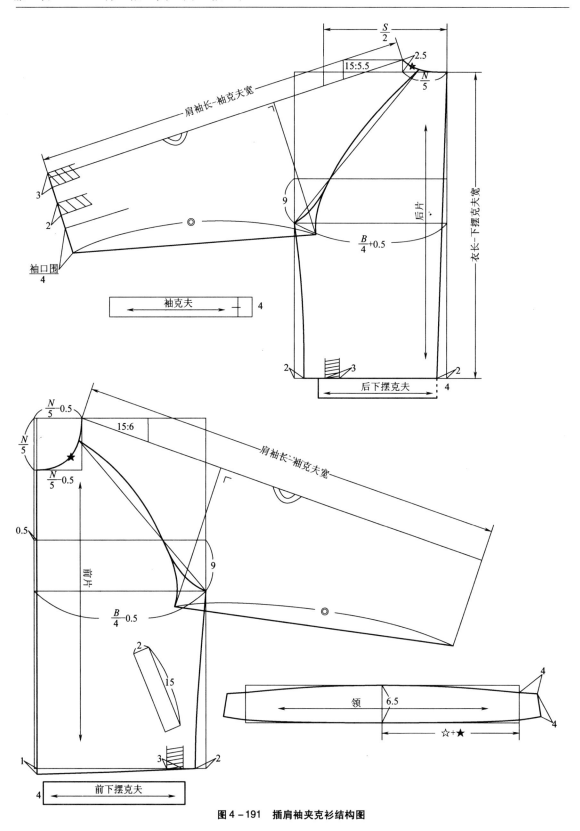

图 4 - 191　插肩袖夹克衫结构图

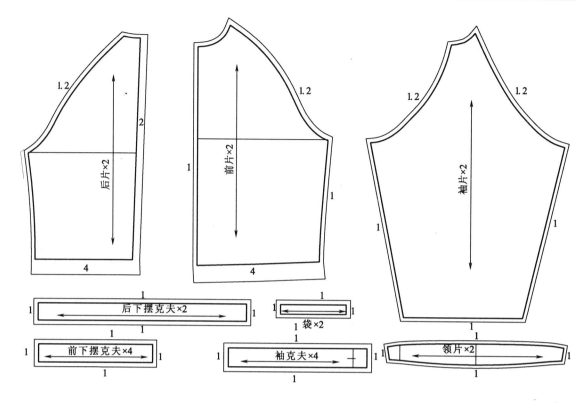

图 4 – 192　插肩袖夹克衫放缝份图

2. 样版设计过程（单位:cm）

（1）后片制图

步骤一:点击【长方形】图标 或按【Shift】+【F6】,在工作区中创建样片,水平方向长度"67 – 4"（衣长 – 下摆克夫宽）,垂直方向长度"$\frac{124}{4}$ + 0.5"。

步骤二:点击【创造垂直线】→【线上垂直线】图标 ,在右边线上距后中"$\frac{46}{5}$"（$\frac{领围}{5}$）,做出后领宽。

步骤三:点击【输入线段】图标 或按【Ctrl】+【F7】,结合右键菜单【沿角度】,以后领圈中点为参考点,做与右边线呈15°角的线与领宽垂直线相交,取交点即为后领深。

步骤四:点击【修改线段】→【修剪线段】图标 ,将多余的内部线修剪掉。

步骤五:点击【输入线段】图标 或按【Ctrl】+【F7】,过后领深与后中心点,使用【两点拉弧】,做出后领圈弧线;过后领深点做右边线的平行线,如图 4 – 193 所示。

步骤六:点击【量度】→【线段长】图标 ,测量后领圈弧线长（本例为"9.79"）。

步骤七:点击【输入线段】图标 或按【Ctrl】+【F7】,结合右键菜单【沿角度】,以过颈肩点的线段为参照,做转动18°角的肩斜线,长度为"77 – 4"。

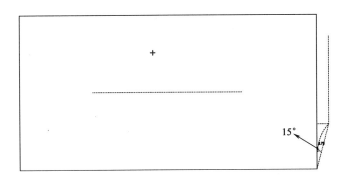

图 4 – 193　后领圈弧线

步骤八:点击【创造垂直线】→【线上垂直线】图标 ，做袖口垂线,长度为"$\dfrac{27+5}{2}$",如图 4 – 194 所示。

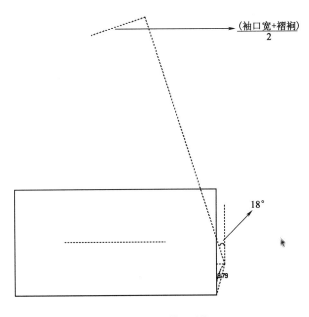

图 4 – 194　袖口垂线

步骤九:点击【平行复制】图标 或按【Ctrl】+【F4】,以后中心线为参考做"$\dfrac{52}{2}$"($\dfrac{肩宽}{2}$)平行线,与肩斜线相交得到肩端点。

步骤十:点击【增加点】图标 或按【Alt】+【F4】,以肩端点为参考,在平行线上做出后袖窿深"$\dfrac{B}{5}+3$"的点。

步骤十一:点击【平行复制】图标 或按【Ctrl】+【F4】,做出胸围线以及与胸围线平行间距为"9"的平行线。

步骤十二:点击【修剪线段】图标 ,将多余的内部线修剪掉,如图 4 – 195 所示。

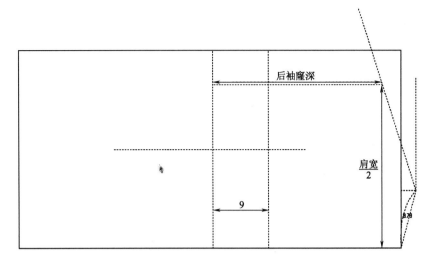

图4－195 修剪多余的内部线

步骤十三：点击【输入线段】图标 ![icon] 或按【Ctrl】+【F7】，连接后领圈弧线上插肩袖分割点与腋下点，与胸围线右平行线形成一个交接点，根据插肩袖分割线造型，分别过此交接点和后领圈弧线上插肩袖分割点及胸围线端点，进行两点拉弧，如图4－196所示。

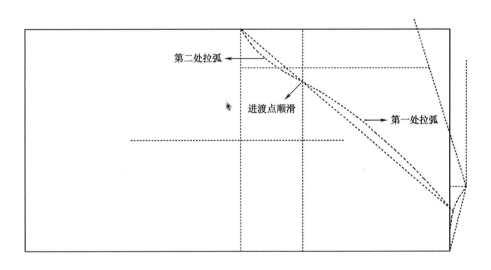

图4－196 插肩袖衣身分割线

步骤十四：点击【创键线段】→【线上切线图标】 ![icon] ，选中两处拉弧交点，做弧线切线。

步骤十五：点击对【对称线段】图标 ![icon] ，以上一步切线为对称轴将第二处拉弧对称，如图4－197所示。

步骤十六：点击【输入线段】图标 ![icon] 或按【Ctrl】+【F7】，连接对称后弧线端点与袖口宽点，完成袖片的设计；在输入线段命令下，侧缝处和后中线处分别收腰"2"，完成后片结构设计，如图4－198所示。

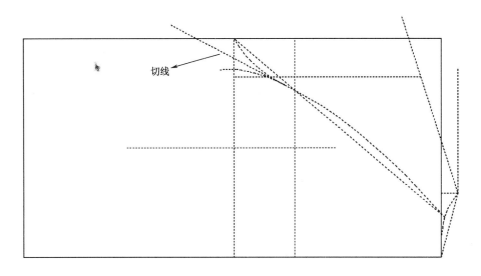

图 4-197 插肩袖插肩部位分割线

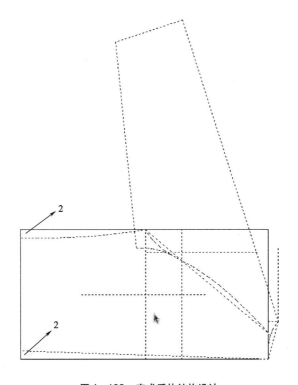

图 4-198 完成后片结构设计

（2）前片制图

步骤一：点击【创建样片】→【复制样片】图标 ，将后片进行复制，然后删除多余的内部线，仅保留胸围线、腰围线，得到前片框架。

步骤二：点击【输入线段】图标 或按【Ctrl】+【F7】，前领宽 = 后领宽 - 0.5（即 $\dfrac{46}{5}$ - 0.5），

前领深 = 后领宽(即$\frac{46}{5}$),做领圈基础线,结合右键菜单,做出前领圈弧线。

步骤三:点击【修改线段】→【分割线段】图标 或按【Ctrl】+【F10】,在前横开领处分割。

步骤四:点击【量度】→【线段长】图标 ,测量由后颈肩点到袖口处的后肩袖长。

步骤五:点击【输入线段】图标 或按【Ctrl】+【F7】,结合右键菜单,做前肩斜线(与过肩颈点的平行线呈19°角),长度等于上一步测量的后肩袖长。

步骤六:点击【创造垂直线】→【线上垂直线】图标 ,做袖口垂线,长度为"$\frac{27+5}{2}$"。

步骤七:点击【平行复制】图标 或按【Ctrl】+【F4】,将前中心线内收"0.5",得到前胸围大,如图4-199所示。

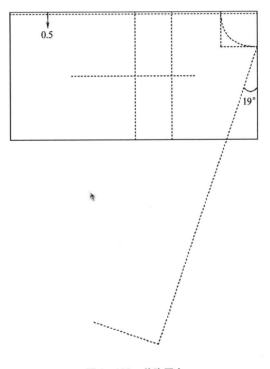

图4-199　前胸围大

步骤八:做插肩弧线,步骤与后片相同,这里不再赘述。

步骤九:点击【量度】→【线段长】图标 ,测量后片袖内缝线长度。

步骤十:点击【输入线段】图标 或按【Ctrl】+【F7】,连接前袖内缝线,并在线上找到与后片内缝线长度相等的点,并与袖口连接;做前片侧缝线、底摆线、袋盖造型线,完成后如图4-200所示。

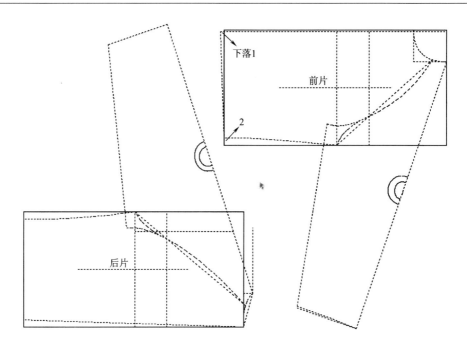

图 4-200 完成衣身、插肩袖结构设计

> **技巧提示:**
>
> 　　对于内部线较多的复杂样片,若要删除大部分内部线,仅保留几条必要的线时,使用删除工具可以点击样片中空白区域,全部内部线被选中后,再选择要保留的线。

（3）领子制图

步骤一:点击【量度】→【线段长】图标 📐 ,测量前、后领圈弧线长(本例后领圈弧线长为"9.79",前领圈弧线长为"14.55")。

步骤二:点击【长方形】图标 ▢ 或按【Shift】+【F6】,在工作区中创建样片,水平方向长度"9.79+14.55",垂直方向长度"6.5"。

步骤三:点击【输入线段】图标 ℃ 或按【Ctrl】+【F7】,结合右键菜单绘出领子结构,如图4-201所示。

（4）袖克夫、下摆克夫制图

步骤一:点击【长方形】图标 ▢ 或按【Shift】+【F6】,在工作区中做袖克夫样片。

步骤二:点击【输入线段】图标 ℃ 或按【Ctrl】+【F7】,在前、后片结构线基础上,做出下摆克夫,如图4-202所示。

（5）样片处理

步骤一:点击【套取样片】图标 🖈 或按【Shift】+【F3】,在工作区中依次套取后片、前片、前袖片、后袖片、领片、袖克夫、下摆克夫、袋盖片。

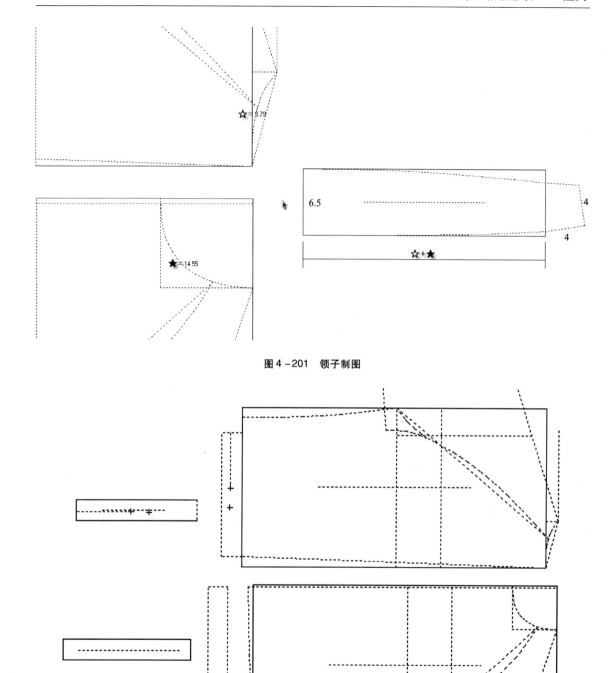

图4-201　领子制图

图4-202　袖克夫、下摆克夫制图

步骤二:点击【修剪线段】图标 ,将多余的内部线修剪掉,如图4-203 所示。

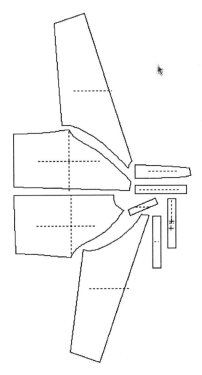

图 4 - 203　套取样片

步骤三:点击【合并样片】图标 ，将前、后袖片合并,如图 4 - 204 所示。

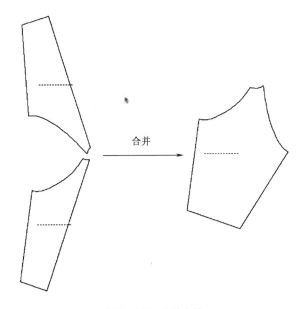

图 4 - 204　袖片合并

步骤四:点击【产生对称片】 ，将领子以后中心线为对称轴对称,将后下摆克夫对称。

步骤五:点击【修改样片】→【旋转样片】 ，根据需要选择【执行对准】或【选择参考位置】等选项,将样片旋转正确。

步骤六:点击【修改样片】→【调对水平】 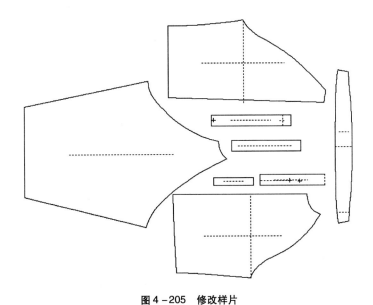,将样片布纹线调整好,如图 4 – 205 所示。

图 4 – 205　修改样片

步骤七:点击【剪口】→【增加剪口】图标 ,为样片增加垂直剪口。

步骤八:点击【设定/增加缝份量】图标 ,给相应的样片及线段加放缝份。

步骤九:点击【交换裁/缝线】图标 ,交换缝份线,完成后如图 4 – 206 所示。

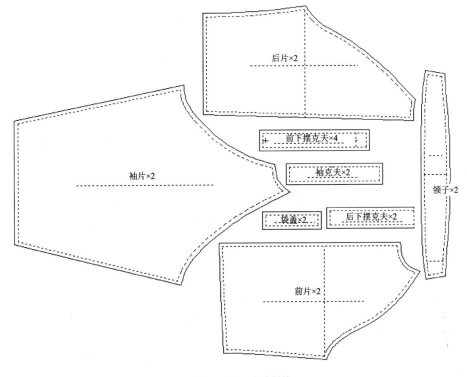

图 4 – 206　完成样片

三、西装样版设计

1. 款式资料

款式图、结构图、缝份图如图 4 - 207 ~ 图 4 - 209 所示,规格见表 4 - 11。

表 4 - 11　西装规格表　　　　　　　　　　　　　　　　　　　单位:cm

部位	衣长(L)	胸围(B)	肩宽(S)	袖长(SL)	袖口宽
尺寸	75	108	45	61	15

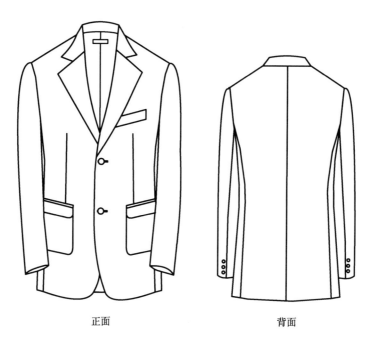

正面　　　　　　　　　　　　　　　背面

图 4 - 207　西装款式图

2. 样版设计过程 (单位:cm)

(1) 后片制图

步骤一:点击【长方形】图标 ▢ 或按【Shift】+【F6】,在工作区中创建样片,水平方向长度 "75"(衣长),垂直方向长度 "$\frac{S}{2} - 1.5$"。

步骤二:点击【平行复制】图标 ▯ 或按【Ctrl】+【F4】,以右边线为参照,距右边线 "$\frac{B}{5} + 3.5$" 做出胸围线,距右边线 "43" 做腰围线;距离腰围线 "20" 处做平行线即为臀围线,如图 4 - 210 所示。

步骤三:单击【输入线段】图标 ℃ 或按【Ctrl】+【F7】,结合右键菜单中的【垂直】、【水平】、【两点拉弧】做出后领圈弧线,后领宽为 "$\frac{B}{20} + 3.5$",后领深为 "2.5"。

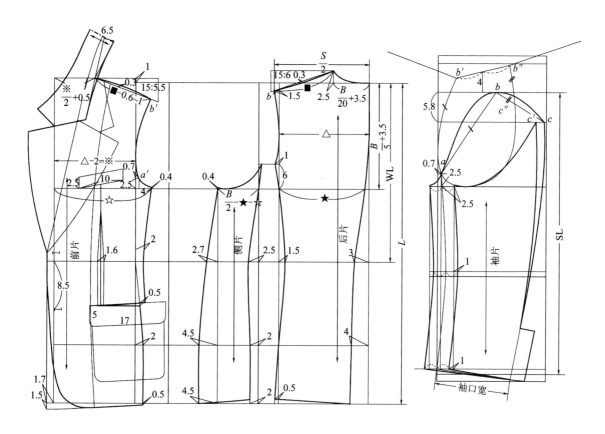

图4-208　西装结构图

注　点a与衣身点a'对应,点b与衣身点b'、b"对应,点c与点c'、c"对应。

步骤四:点击【输入线段】图标🎗或按【Ctrl】+【F7】,在光标模式下,以后颈肩点为参考点,切换成输入模式,在输入框输入(X,Y)相对坐标数值(-5,15),定出肩斜方向,然后以后中点为参考点,过后肩宽($\frac{45}{2}$)点做水平线与肩斜线相交,如图4-211所示。

步骤五:点击【修改线段】→【修剪线段】图标▤,将多余的内部线修剪掉,得到肩端点。

步骤六:点击【创造垂直线】→【线外垂直线】图标⊥,以背宽点为参考,做后袖窿弧线分割点,如图4-212所示。

步骤七:点击【输入线段】图标🎗或按【Ctrl】+【F7】,结合右键菜单【两点拉弧】选项,做出后袖窿弧线。

步骤八:点击【输入线段】图标🎗或按【Ctrl】+【F7】,做出后片侧缝线、后中心线,如图4-213所示。

步骤九:点击【修改线段】→【分割线段】图标⬚或按【Ctrl】+【F10】,在胸围线与后中心线交点处分割。

191

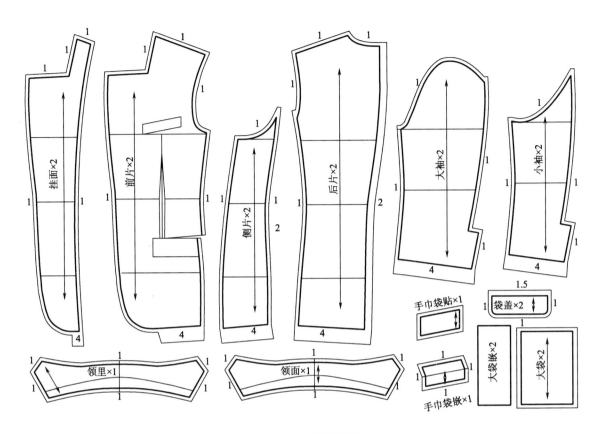

图 4 - 209 西装放缝份图

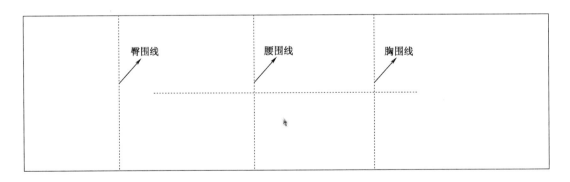

图 4 - 210 结构基础线

步骤十:点击【量度】→【线段长】图标 ,测量出后片实际胸围线长度对应图 4 - 209 中的★。

(2)前片制图

步骤一:点击菜单【创造样片】→【复制样片】图标 ,将后片进行复制,然后删除多余的内部线,仅保留胸围线、腰围线、臀围线,作为前片框架。

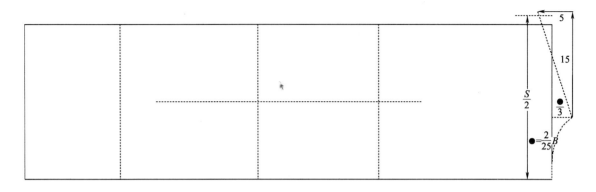

图 4 –211 后肩斜线

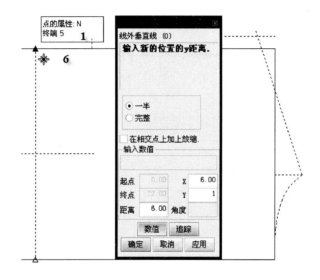

图 4 –212 后袖隆弧线分割点

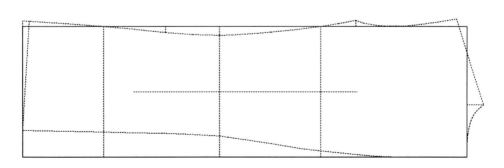

图 4 –213 后片结构线

步骤二:点击【修改线段】→【移动线段】图标 或按【Ctrl】+【F2】,将右边线向右水平移动"1",向上移动后片胸围减小量"2",如图 4 –214 所示。

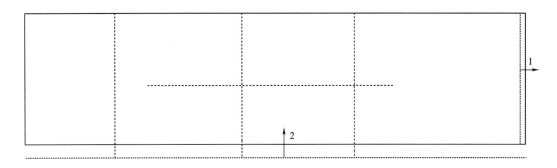

图 4 - 214　前片框架

步骤三:点击【修剪线段】图标 🗃 将多余的内部线修剪掉。

步骤四:点击【修改线段】→【分割线段】图标 🔼 或按【Ctrl】+【F10】,在移好的右边线上做出前领宽,大小等于前片胸大的一半。

步骤五:点击【输入线段】图标 🔾 或按【Ctrl】+【F7】,在光标模式下,以前颈肩点为参考点,切换成输入模式,在输入框输入(X,Y)相对坐标数值(- 5.5, - 15),定出肩斜方向,如图4 - 215所示。

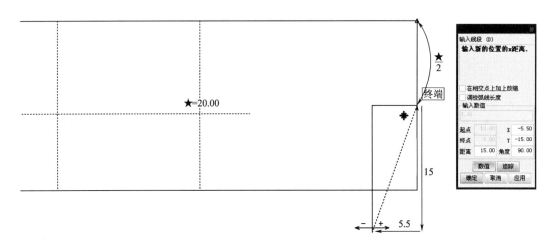

图 4 - 215　后肩斜线

步骤六:点击【量度】→【线段长】图标 🗋 ,测量后肩线长度(本例为"15.23")。

步骤七:点击【修改线段】→【分割线段】图标 🔼 或按【Ctrl】+【F10】,以"后肩线长度 - 0.6",做出前肩端点,并将肩斜上多余线段删除。

步骤八:点击【输入线段】图标 🔾 或按【Ctrl】+【F7】,在前胸宽点相对位置(0.3,4)与肩端点两点拉弧,做出前袖窿弧线。

步骤九:点击【输入线段】图标 🔾 或按【Ctrl】+【F7】,以腰节线的前中点为参照做出搭门"1.7",其搭门上端抬高"2"确定驳头止点,搭门下摆处下降"1.5",并与下摆基础线端点相对位置(-0.4, -2)相连,做出实际下摆线,如图4 -216 所示。

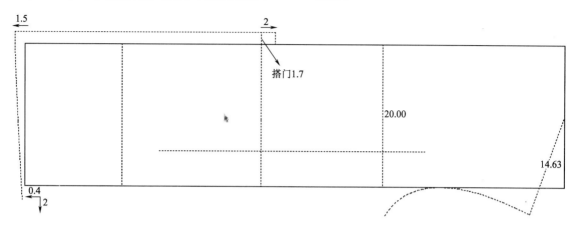

图4 -216　前片部分结构线

步骤十:点击【输入线段】图标 $\mathcal{C}$ 或按【Ctrl】+【F7】,以下摆线为参考做出口袋位置 " $\dfrac{75}{3}-1$ "。

步骤十一:点击【修改线段】→【分割线段】图标 $\underline{\text{···}}$ 或按【Ctrl】+【F10】,在腰节线上距前中心线" $\dfrac{20}{2}+1.5$ "处定胸省位置,省道宽"1.6",将省道中心线延长至袋口位置做出完整胸省。

步骤十二:点击【输入线段】图标 $\mathcal{C}$ 或按【Ctrl】+【F7】,连接完整前片侧缝线,如图4 -217 所示。

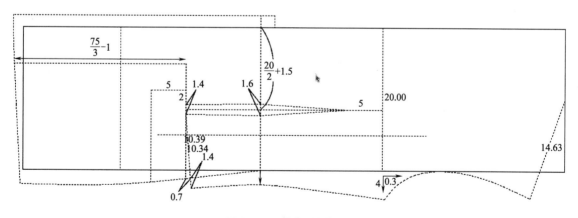

图4 -217　前片结构基础线

步骤十三:点击【量度】→【线段长】图标 ,测量出前片实际胸围线长度☆参见图4 -208。

步骤十四:点击【输入线段】图标 $\mathcal{C}$ 或按【Ctrl】+【F7】,连接搭门基点与颈肩点收进"2"处为翻折线,并延长;继续在输入线段命令下,做出翻驳领造型。

步骤十五:点击【创建线段】→【对称线段】图标 ,将驳头部分按翻驳线对折。

步骤十六:点击【创建线段】→【平行复制】图标 ⊡ 或按【Ctrl】+【F4】,过颈肩点做翻折线的平行线(注意资料栏中【锁定在:图形】要在开启状态,才能捕捉到点)。

步骤十七:点击【修改线段】→【修剪线段】图标 ⚏,将多余的内部线修剪掉。

步骤十八:点击【输入线段】图标 ◡ 或按【Ctrl】+【F7】,做出圆下摆造型,并定出扣眼位置及手巾袋位置。完成后如图 4 – 218 所示。

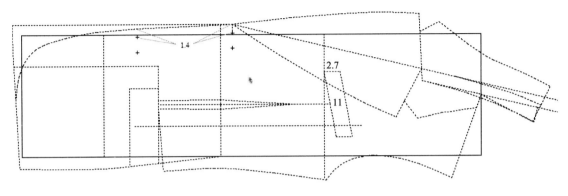

图 4 –218 前片完整结构图

(3)侧片制图

步骤一:点击【复制样片】图标 ⚏,将后片进行复制,然后删除多余的内部线,仅保留胸围线、腰围线、臀围线,得到前侧片框架。

步骤二:点击【输入线段】图标 ◡ 或按【Ctrl】+【F7】,以"$\frac{B}{2} - \bigstar - \stackrel{\star}{\approx}$"做侧片宽度基础线,如图 4 –219 所示。

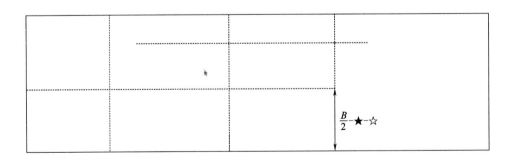

$$\frac{B}{2} - \bigstar - \stackrel{\star}{\approx}$$

图 4 –219 侧片基础线

步骤三:点击【输入线段】图标 ◡ 或按【Ctrl】+【F7】,连接各个点成为侧缝线,如图 4 – 220 所示。

(4)领子制图

步骤一:点击【量度】→【线段长】图标 ⊞,测量后领圈弧线长度。

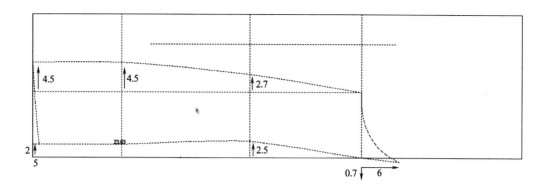

图 4 - 220　侧片结构线

步骤二:点击【修改线段】→【分割线段】图标 或按【Ctrl】+【F10】,结合右键菜单【交接点】选项,将翻驳线的平行线在颈肩点处分割。

步骤三:点击【创造垂直线】→【线上垂直线】图标 ,以上一步分割点为参照点,以后领圈弧线长做垂线,垂线长度为"2.5",得到倒伏量。

步骤四:点击【显示比例】→【放大】按钮 或按【F7】或使用鼠标滚轮,将领子局部放大。

步骤五:点击【输入线段】图标 或按【Ctrl】+【F7】,连接倒伏量点和"步骤二"中分割点。

步骤六:点击【创造垂直线】→【线上垂直线】图标 ,在"步骤五"连线上,以后领圈弧线长做垂线,垂线长度为"6.5"(领座3 + 领面3.5 = 6.5)。

步骤七:点击【输入线段】图标 或按【Ctrl】+【F7】,连接领子外口弧线、下口弧线及翻驳线上端弧线造型,完成后如图4 - 221 所示。

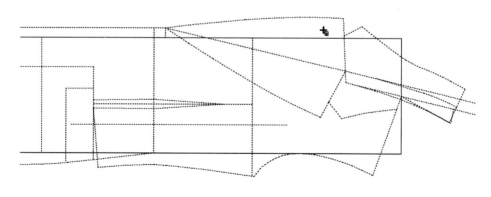

图 4 - 221　驳领结构线

(5)袖子制图

步骤一:点击【创造样片】→【复制样片】图标 ,将后片进行复制,然后删除多余的内部线,仅保留胸围线、腰围线,作为袖片基础框。

步骤二:点击【创造线段】→【复制线段】图标 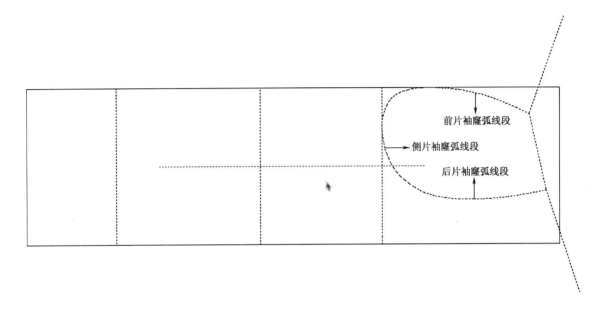 或按【Ctrl】+【F5】,将前、侧、后袖窿弧线以及对应的肩斜线、胸围线复制到袖片基础框中(复制时,要选中【选择参考位置】选项,各段袖窿弧线交点要对齐),如图 4-222 所示。

前片袖窿弧线段

侧片袖窿弧线段

后片袖窿弧线段

图 4-222 袖片拷贝袖窿

步骤三:点击【输入线段】图标 或按【Ctrl】+【F7】,连线前、后肩端点;取此连线中点向下摆方向做"4"的水平线。

步骤四:点击【平行复制】图标 或按【Ctrl】+【F4】,以右边线为参考做过"步骤三"线段的垂直线,得到大袖片上平线;再以大袖片上平线为参照,做距大袖片上平线"5.8"的平行线,得到小袖片上平线;以腰节线为参照线做距该线"1"的平行线,得到袖肘线;以大袖片上平线为参照线做间距为"61"的平行线,得到袖长线。各平行线状态如图 4-223 所示。

步骤五:点击【输入线段】图标 或按【Ctrl】+【F7】,做袖窿弧线上的定位点 a,该定位点应同时符合距胸围线"2.5",距胸宽线"0.7"两个条件,若不能满足这两个条件,通常调整袖窿弧线的形状使其满足条件,如图 4-224 所示。

步骤六:点击【修改线段】→【分割线段】图标 或按【Ctrl】+【F10】,结合右键菜单【交接点】选项,将袖窿弧线在上述定位 a 点处分割。

步骤七:点击【量度】→【线段长】图标 ,测量定位点 a 到前肩点的袖窿弧线长度。

步骤八:点击【输入线段】图标 或按【Ctrl】+【F7】,结合【画圆定点】,以定位点 a 为圆心,以步骤七中的弧线长度为半径,做直线与大袖片上平线相交,其交点为袖山点 b,如图 4-225 所示。

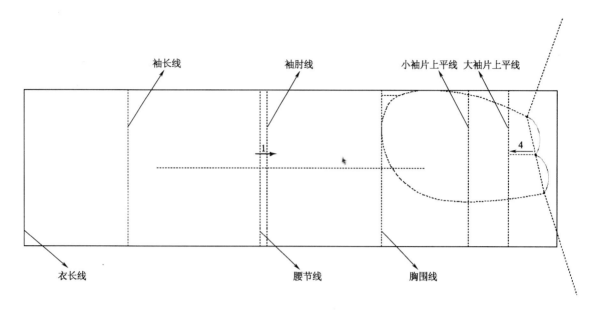

袖长线　　　袖肘线　　　小袖片上平线　大袖片上平线

衣长线　　　腰节线　　　胸围线

图 4 -223　袖片基础线

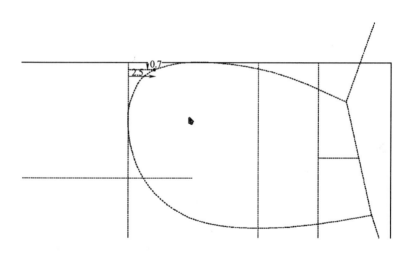

图 4 -224　袖窿弧线上的定位点

步骤九:点击【修改线段】→【分割线段】图标 ![icon] 或按【Ctrl】+【F10】,结合右键菜单【交接点】选项,将袖窿弧线在小袖片上平线与后袖窿弧线交点处分割。

步骤十:点击【量度】→【线段长】图标 ![icon],测量上述点到后肩点的袖窿弧线长度。

步骤十一:点击【输入线段】图标 ![icon] 或按【Ctrl】+【F7】,结合【画圆定点】,以定位点 b 为圆心,以步骤十测出的袖窿弧线长度 +0.3 为半径,做直线与小袖片上平线相交,其交点为袖山点 c,如图 4 -226 所示。

步骤十二:点击【输入线段】图标 ![icon] 或按【Ctrl】+【F7】,结合右键菜单【弧线】,做袖山弧

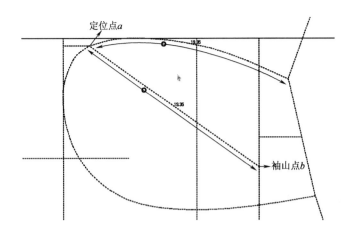

图 4 - 225　定袖山点 b

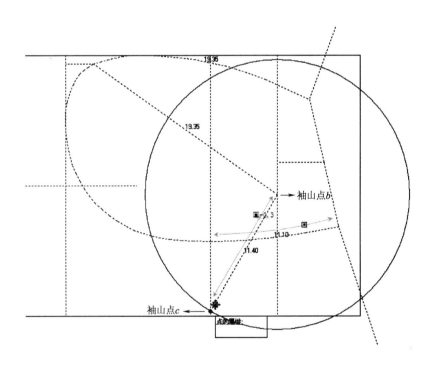

图 4 - 226　定袖山点 c

线,如图 4 - 227 所示。

步骤十三:点击【线段】→【替换线段】图标 ,将与袖长线相连的周边线以下部分替换,如图 4 - 228 所示。

步骤十四:点击【输入线段】图标 或按【Ctrl】+【F7】,结合【以末点为圆心作圆定点】,以袖长线在胸宽线上抬高"1"为圆心,以"7.5"($\dfrac{袖口宽}{2}$)为半径画弧线与袖长线相交,然后结合右

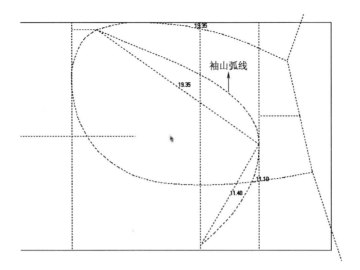

图4-227　定袖山弧线

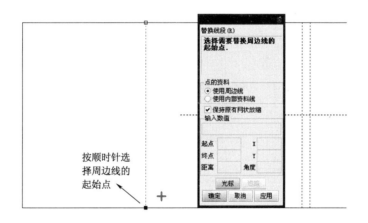

图4-228　替换周边线

键菜单【沿前一线段延伸】,做延伸"7.5",得到袖口线。

　　步骤十五:点击【修改点】→【沿线移动点】图标 ,将上一步斜线延长"7.5",得到袖口线,如图4-229所示。

　　步骤十六:点击【输入线段】图标 或按【Ctrl】+【F7】,过定位点 a,袖肘线上距胸宽线去掉"1.7"及袖口点连接弧线,做出大袖片偏袖翻折线;连接大袖片后侧缝,如图4-230所示。

　　步骤十七:点击【创键线段】→【平行复制】图标 或按【Ctrl】+【F4】,以大袖片偏袖翻折线为参照线,在其两侧做"2.5"的平行线。

　　步骤十八:点击【创键线段】→【对称线段】图标 ,将袖窿弧线部分沿大袖片偏袖翻折线对称。

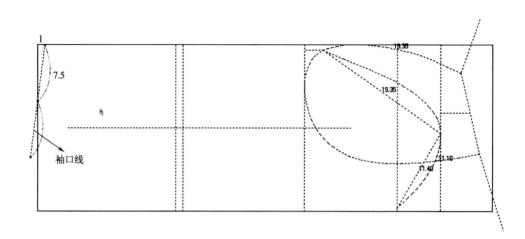

图 4 – 229　定袖口线

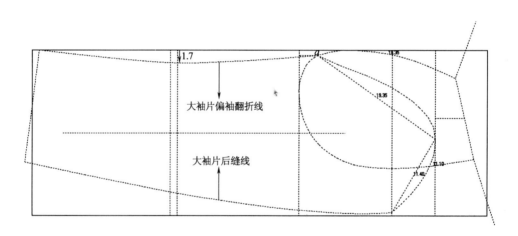

图 4 – 230　定大袖片后侧缝

步骤十九:点击【修改线段】→【修剪线段】图标 或按【Ctrl】+ F8,将多余线头修剪掉,得到大、小袖片内侧缝线,如图 4 – 231 所示。

步骤二十:点击【修改线段】→【分割线段】图标 或按【Ctrl】+【F10】,结合右键菜单【交接点】选项,将袖窿弧线在小袖片内侧缝线与袖窿弧线交点处分割。

步骤二十一:点击【量度】→【线段长】图标 ,测量上述分割点到小袖片上平线点的袖窿弧线长度。

步骤二十二:点击【输入线段】图标 或按【Ctrl】+【F7】,结合【画圆定点】,以"步骤二十"分割点为圆心,以步骤二十一中测量所得弧线长度为半径,做直线与小袖片上平线相交,其交点为袖山点 c';连接小袖片袖山弧线及后侧缝线,如图 4 – 232 所示。

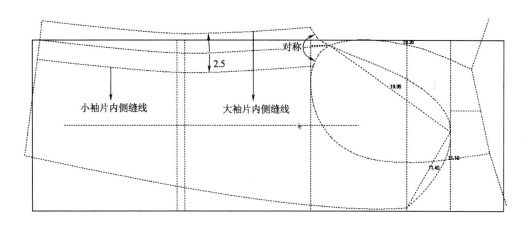

图 4 -231　定大、小袖片内侧缝线

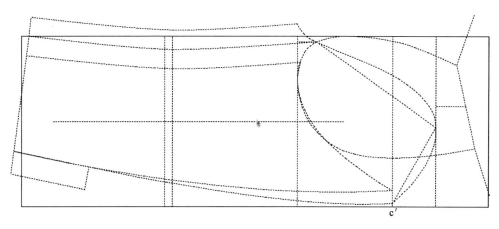

图 4 -232　小袖片袖山弧线及后侧缝线

（6）样片处理

步骤一：点击【套取样片】图标　或按【Shift】+【F3】，在工作区中依次套取后片、前片、侧片、大袖片、小袖片、领片、袖克夫、挂面、袋盖片。

步骤二：点击【修改线段】→【修剪线段】图标　，将多余的内部线修剪掉，如图 4 - 233 所示。

步骤三：点击【创造样片】→【复制样片】图标　，复制领子样片。

步骤四：点击【产生对称片】图标　，将复制的领子以后中心线为对称轴对称，产生领面。

步骤五：点击【修改样片】→【旋转样片】图标　，根据需要选择【执行对准】或【选择参考位置】等选项，将领子样片旋转正确。

步骤六：点击【修改样片】→【调对水平】图标　，将领子样片布纹线调整好。

步骤七：点击【剪口】→【增加剪口】图标　，为样片增加垂直剪口。

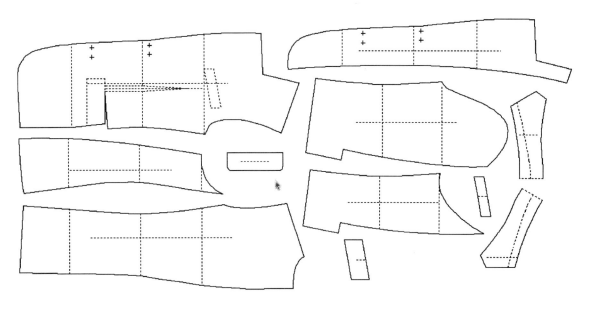

图 4-233　套取样片

步骤八:点击【缝份】→【设定/增加缝份量】图标 ,给样片的相应线段加放缝份,完成后如图 4-234 所示。

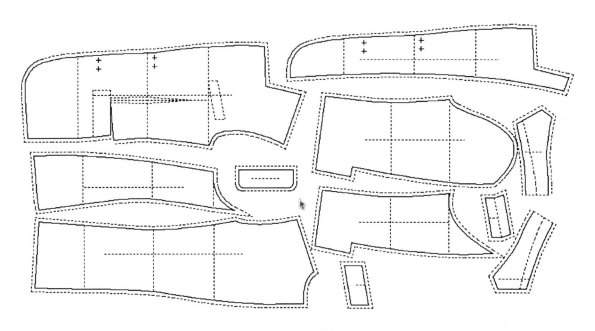

图 4-234　加放缝份

步骤九:点击【缝份】→【反折角】图标 ,做衣片及袖片的下摆折边。

步骤十:点击【缝份】→【切直角】图标 ,做分割线位置的缝份角。

步骤十一:点击【缝份】→【交换裁/缝线】图标 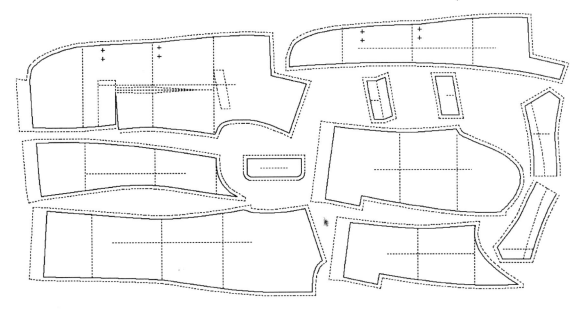,调整缝份线,完成后如图4-235 所示。

图4-235 调整缝份线

第四节 样片推版

一、西装裙推版

1.推版(放缩)尺码表

西装裙推版尺码表见表4-12。

表4-12 西装裙尺码表(5·4系列)　　　　　　　　单位:cm

部位	S	M	L	档差
裙长(L)	61	64	67	2
腰围(W)	66	70	74	4
臀围(H)	90	94	98	4

2. 样版推版过程（单位: cm）

（1）创建放缩表

步骤一: 打开【Accumark 资源管理器】 ![icon] ,打开西装裙样片所在储存区,在右侧储存区空白处单击鼠标右键,在弹出的菜单中选择【新建】→【放缩表】,如图4-236所示。

图4-236 创建放缩表

步骤二:【放缩表】窗口打开后,根据需要,选择尺码名称【数字】或【英数字】,若是数字,则需要填写跳码值,若是英数字,则可以使用英文字母,完成后点击【保存】按钮,给新建的放缩表命名为【西装裙】,设置方法如图4-237所示。

步骤三: 保存后,按【F5】键刷新,在储存区中即可显示,如图4-238所示。

（2）放缩表的指定

步骤一: 在 Accumark【样片设计】系统中,点击【参数选项】图标 ![icon] ,打开后选择【路径】选项卡,选择系统所在的储存区及放缩表,如图4-239所示。

步骤二: 打开西装裙样片净样,可框选所有需要推版的样片,打开时,请注意文件类型,如图

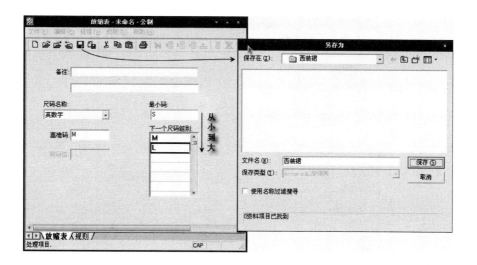

图4-237 设置放缩表

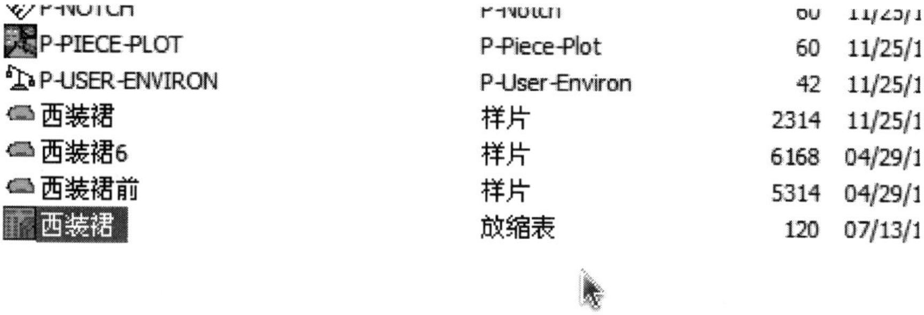

P-NOTCH	P-Notch	60	11/25/1
P-PIECE-PLOT	P-Piece-Plot	60	11/25/1
P-USER-ENVIRON	P-User-Environ	42	11/25/1
西装裙	样片	2314	11/25/1
西装裙6	样片	6168	04/29/1
西装裙前	样片	5314	04/29/1
西装裙	放缩表	120	07/13/1

图4-238 完成放缩表

图4-239 选择系统放缩表

4-240所示。

步骤三:将图像单中的样片置于工作区中,点击【指定放缩表】图标 或按【Ctrl】+【3】,

图 4 – 240　打开推版的样片

确定每个样片的放缩表位置,若放缩表已经对应,则此步骤可以省略,如图 4 – 241 所示。

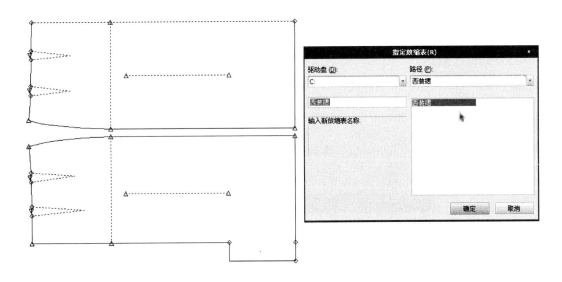

图 4 – 241　样片指定放缩表

(3) 前裙片推版

步骤一:点击【编辑放缩】→【增加放缩点】图标　或按【Alt】+【1】,在样片上增加必要的放缩点,各处放缩点对应的放缩规则如图 4 – 242 所示。

步骤二:点击【创造/修改放缩】→【创造 X/Y 放缩值】图标　或按【Alt】+【5】,按提示选择样片,再选择放缩点,弹出创建放缩点 – 从小到大渐进式对话框,如图 4 – 243 所示。

步骤三:【在创建放缩点】对话框中,要输入放缩规则的放缩值,然后在第一个尺码组中输

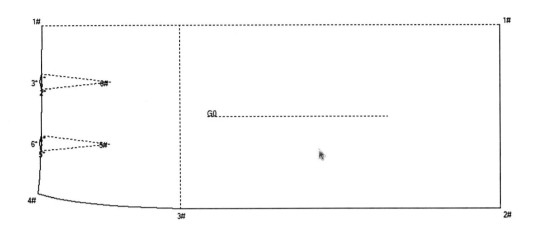

图 4 - 242 增加放缩点

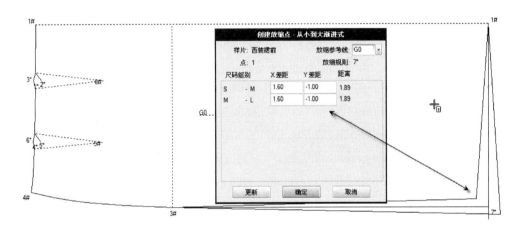

图 4 - 243 创造 X/Y 放缩值

入对应的【X 差距】和【Y 差距】,点击【更新】或按【Enter 键】则所有尺码组 X、Y 数值更新,完成则按【确定】按钮结束。这里需要注意的是,根据【从小到大渐进式】的放缩特点,在 X、Y 正负值上,满足坐标轴原则,即方向为右和上的数值为正,方向为左和下的数值则为负。省道上各点的放码值一样,因此使用【编辑放缩】→【复制网点放缩】功能。将样片放缩点全部修改好后,样片呈放缩状态,如图 4 - 244 所示。

(4)后裙片推版

推版的方法和步骤同前裙片,这里不再赘述,后裙片推版如下图 4 - 245 所示。

(5)保存样片

将每个放码过的样片进行保存,完成西装裙净样的推版。

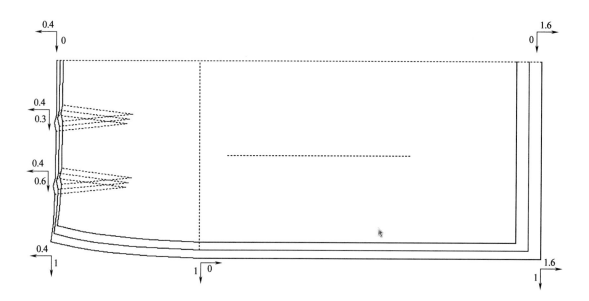

图 4 - 244　前裙片推版

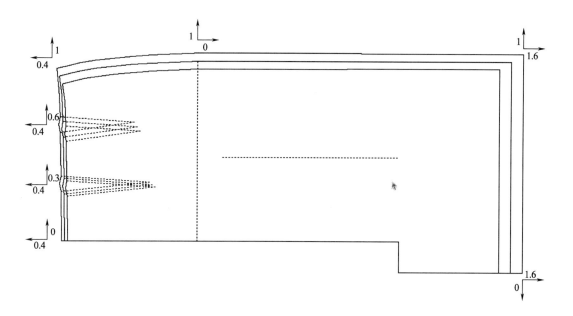

图 4 - 245　西装裙后片推版

二、女外套推版

1. 推版尺码表

女外套推版尺码表见表 4 - 13。

表4－13　女外套尺码表(5·4 系列)　　　　　　　　　　　　　　　　单位:cm

部位	S	M	L	档差
衣长(L)	55	57	59	2
胸围(B)	92	96	100	4
腰围(W)	74	78	82	4
肩宽(S)	39	40	41	1
袖长(SL)	55.5	57	58.5	1.5
袖口围	24.5	25	25.5	0.5

2.样版推版过程（单位:cm）

（1）创建放缩表

步骤一:打开【Accumark 资源管理器】，打开女套装样片所在储存区,在右侧储存区空白处单击鼠标右键,在弹出的菜单中选择【新建】→【推版表】,如图4－246 所示。

图4－246　创建放缩表

步骤二:放缩表窗口打开后,根据需要,选择尺码名称【数字】或【英数字】,若是数字,则需要填写跳码值,若是英数字,则可以使用英文字母,设置方法如图4－247 所示。

步骤三:设置完成后,给新建的放缩表命名为"女套装",确定后,按【F5】键刷新,在储存区中即可显示,如图4－248 所示。

（2）放缩表的指定

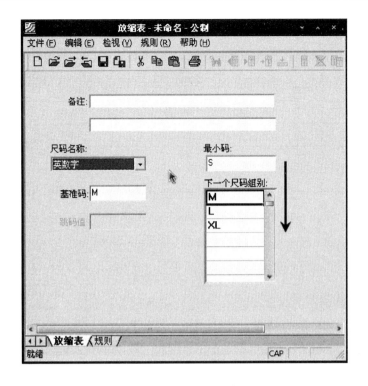

图 4 –247　设置放缩表

挂面	样片	1755	1
后片侧片	样片	2202	1
后中片	样片	2408	1
领里	样片	1681	1
领片	样片	1681	1
前侧片	样片	2441	1
前中片	样片	2878	1
袖片大	样片	1824	1
袖片小	样片	1605	1
女套装	放缩表	120	1

图 4 –248　完成放缩表

步骤一:在 Accumark 打板及推版系统中,点击【参数选项】图标 ▤ ,打开后选择【路径】选项卡,选择系统所在的储存区及放缩表,如图 4 –249 所示。

图 4 –249　选择系统放缩表

步骤二:打开套装样片净样,可框选所有需要放缩的样片,打开时,请注意文件类型,如图4-250所示。

图4-250　打开推版的样片

步骤三:将图像单中的样片置于工作区中,点击【指定放缩表】图标 或按【Ctrl】+【3】,确定每个样片的放缩表位置,若放缩表已经对应,则此步骤可以省略,如图4-251所示。

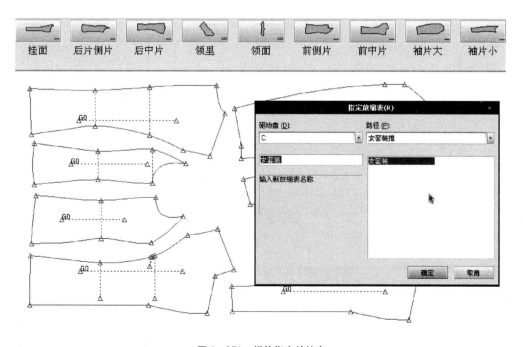

图4-251　样片指定放缩表

（3）前中片推版

步骤一：点击【编辑放缩】→【增加放缩点】图标 或按【Alt】+【1】，在样片上增加必要的放缩点，各处放缩点对应的放缩规则如图 4－252 所示。

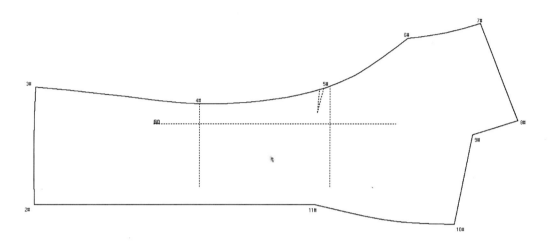

图 4－252　增加放缩点

步骤二：点击【创造/修改放缩】→【创造 X/Y 放缩值】图标 或按【Alt】+【5】，按提示选择样片，再选择放缩点，弹出【创造放缩点】对话框，如图 4－253 所示。

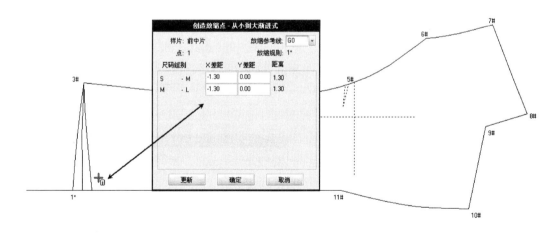

图 4－253　创造 X/Y 放缩值

步骤三：【创建放缩点】对话框中，要输入放缩规则的放缩值，然后在第一个尺码组中输入对应的【X 差距】和【Y 差距】，点击【更新】或按【Enter 键】则所有尺码组 X、Y 数值更新，完成则按【确定】按钮结束。这里需要注意的是，根据【从小到大渐进式】的放缩特点，在 X、Y 正负值上，满足坐标轴原则，即方向为右和上的数值为正，方向为左和下的数值则为负。将样片放缩点全部修改好后，样片呈放缩状态，如图 4－254 所示。

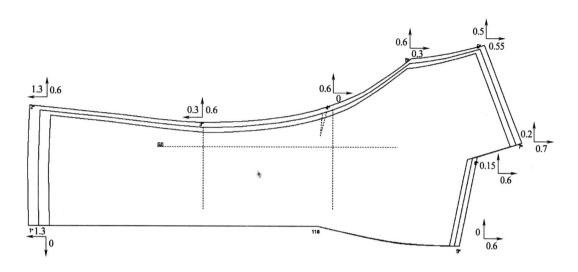

图 4 -254 前片推版

步骤四:净样推版完成后,再给样片加放缝份,然后再交换裁缝线,完成毛样的推版,如图 4 -255所示。

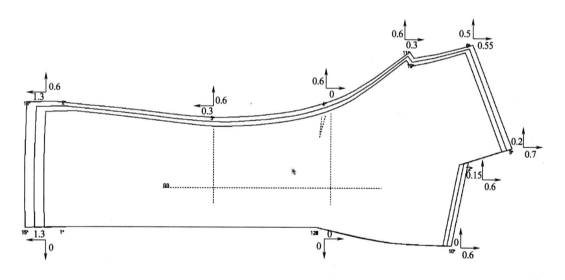

图 4 -255 前片毛样推版

(4)前侧片推版

推版的方法和步骤同前中片,这里不再赘述。前侧片推版如下图 4 -256 所示。

(5)后中片推版

推版的方法和步骤同前中片,这里不再赘述。后中片推版如下图 4 -257 所示。

(6)后侧片推版

推版的方法和步骤同前中片,这里不再赘述。后侧片推版如下图 4 -258 所示。

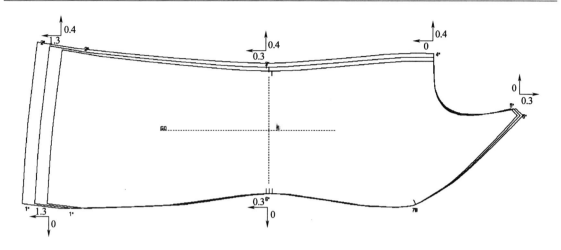

图 4-256　前侧片毛样推版

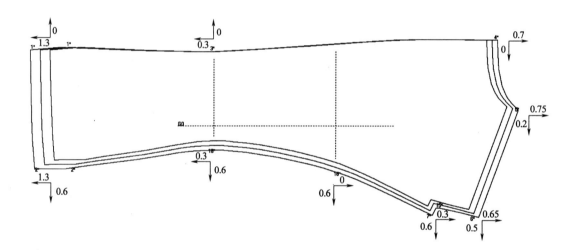

图 4-257　后中片毛样推版

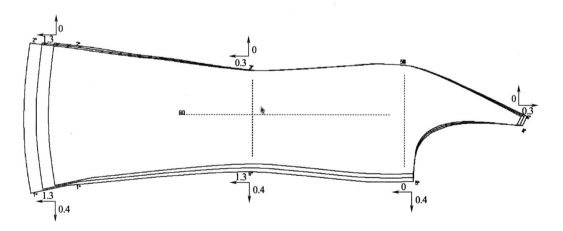

图 4-258　后侧片毛样推版

（7）大袖片推版

推版的方法和步骤同前中片,这里不再赘述。大袖片推版如下图4-259 所示。

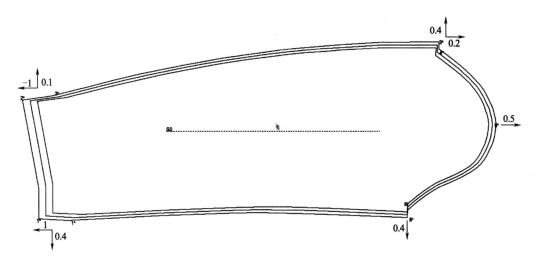

图4-259　大袖片毛样推版

（8）小袖片推版

推版的方法和步骤同前中片,这里不再赘述。小袖片推版如下图4-260 所示。

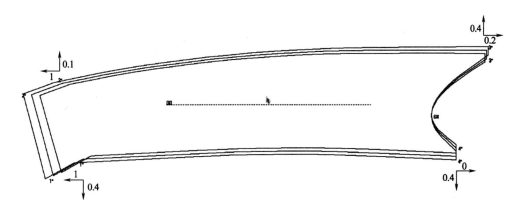

图4-260　小袖片毛样推版

（9）挂面推版

推版的方法和步骤同前中片,这里不再赘述。挂面推版如下图4-261 所示。

（10）领子推版

推版的方法和步骤同前中片,这里不再赘述。注意领子推版的时候,需要使用【修改样片】→【旋转样片】,将样片旋转至适合推版的方向。领子推版如下图4-262 所示。

（11）保存样片

将每个放码过的样片进行保存。

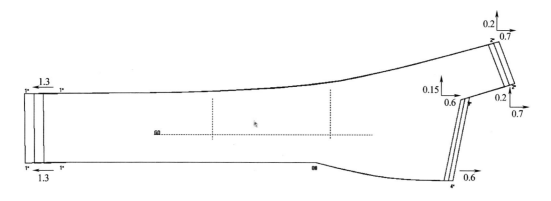

图 4 - 261　挂面毛样推版

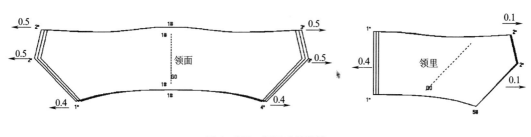

图 4 - 262　领子毛样推版

第 五 节　排 版 设 计

一、男西装排版

1. 排版要求

普通纯色布料,幅宽 144cm ,单层铺布。本章第三节中的男西装样版 S × 1 + M × 3 + L × 2。

2. 排版过程

(1)样片的准备

在 PDS 中进行男西装样版的制作,完成后保存到储存区当中,如图 4 - 263 所示。

(2)建立注解档案

步骤一:打开【Accumark 资源管理器】，打开男西装样片所在储存区,在右侧储存区空白处单击鼠标右键,在弹出的菜单中选择【新建】→【注解档案】,如图 4 - 264 所示。

步骤二:打开【注解档案】窗口,按需要选择需注解的内容(也可不选保持默认),然后单击【保存】按钮,命名后,保存注解档案,如图 4 - 265 所示。

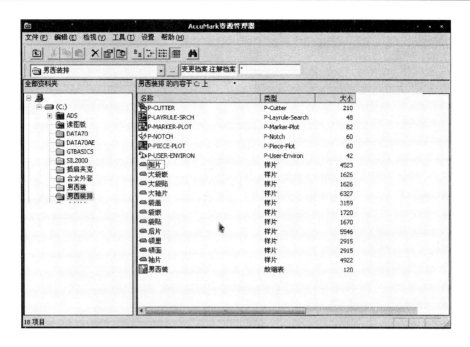

图4-263 检查储存区样片

图4-264 新建注解档案

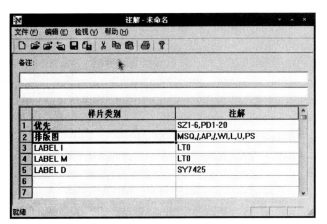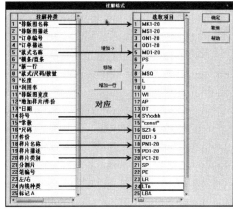

图 4 - 265 保存注解档案

（3）建立排版放置限制档案

步骤一：打开【Accumark 资源管理器】，打开男西装样片所在储存区，在右侧储存区空白处单击鼠标右键，在弹出的菜单中选择【新建】→【排版放置限制】，如图 4 - 266 所示。

图 4 - 266 排版放置限制

步骤二:在打开的【注解档案】窗口中,按需要选择拉布形式和件份方向,选择完成后点击【保存】。

(4)建立款式档案

步骤一:打开【Accumark 资源管理器】,打开男西装样片所在储存区,在右侧储存区空白处单击鼠标右键,在弹出的菜单中选择【新建】→【款式档案】,如图 4–267 所示。

图 4–267　新建款式档案

步骤二:在打开的款式档案窗口中,点击样片名称处表格,在弹出的对话框中,框选款式所包含的样片。这里有两个地方需要注意,样片类别不能有重复,入样方向和翻转方向要选择正确,完成命名后保存。如图 4–268 所示。

(5)建立排版规范档案

步骤一:打开【AccuMark 资源管理器】,打开西装样片所在储存区,在右侧储存区空白处单击鼠标右键,在弹出的菜单中选择【新建】→【排版规范档案】,如图 4–269 所示。

步骤二:在打开的窗口中,给排版图编辑名称,并选择已经建立的各项档案;在款式选项中,选择建立的款式档案,如图 4–270 所示。

步骤三:命名并保存该排版规范。

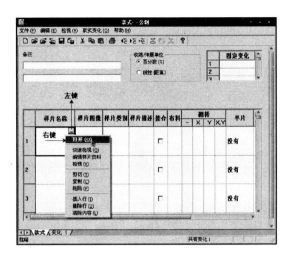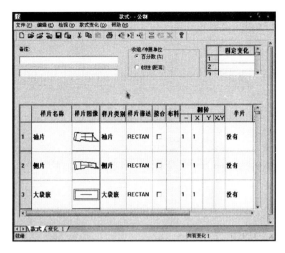

图 4－268 完成款式档案

图 4－269 新建排版规范档案

（6）产生排版图

在储存区中单击右键产生排版图，如图 4－271 所示。

（7）自动排版

在储存区中右键单击排版图，选择【自动排版】，【自动排版】窗口如图 4－272 所示，自动排

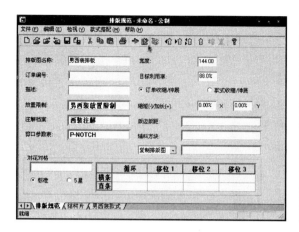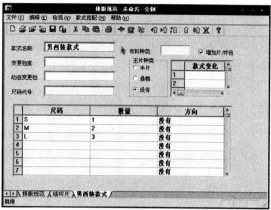

图4－270 完成排版规范档案

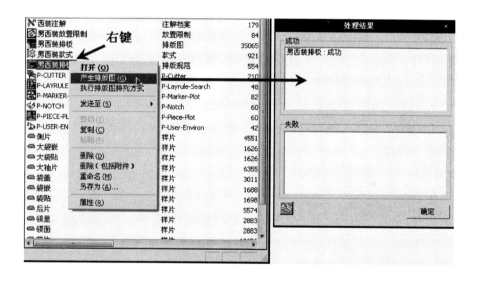

图4－271 产生排版图

版执行完毕如图4－273所示。

（8）在排版系统中打开排版图

启动排版系统，执行【打开】命令，找到排版图所在目录，打开自动排版图，如图4－274所示。

二、鱼尾裙与育克分割裙套排

1. 排版要求

普通纯色布料，幅宽144cm，单层铺布。本章第二节中的育克分割裙和鱼尾裙样版各一件套排。

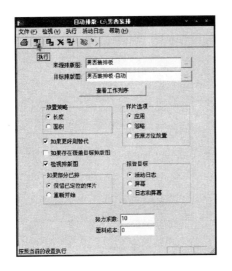

图4-272 自动排版窗口

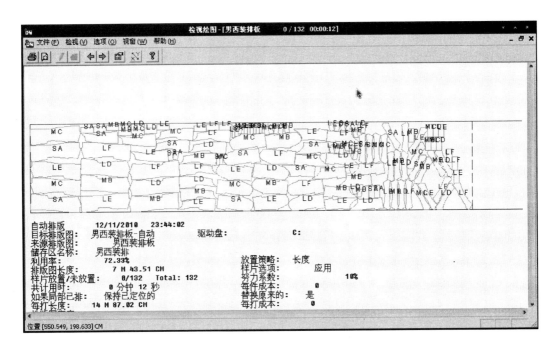

图4-273 自动排版完成图

2.排版过程

（1）样片的准备

将育克分割裙样版和鱼尾裙样版存放到同一个储存区"123"中，如图4-275所示。

（2）建立注解档案

步骤一：在储存区空白处单击鼠标右键，在弹出的菜单中选择【新建】→【注解档案】。

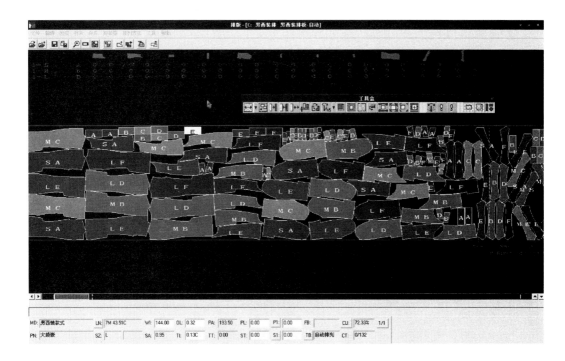

图4-274　排版系统中打开排版图

C:上123的内容		
名称	类型	大小
P-CUTTER	P-Cutter	210
P-LAYRULE-SRCH	P-Layrule-Search	48
P-MARKER-PLOT	P-Marker-Plot	82
P-NOTCH	P-Notch	60
P-PIECE-PLOT	P-Piece-Plot	60
P-USER-ENVIRON	P-User-Environ	42
鱼尾裙--后上片	样片	6825
鱼尾裙--后下片	样片	8189
鱼尾裙--前上片	样片	11499
鱼尾裙--前下片	样片	8163
育克分割裙--后下片	样片	5067
育克分割裙--后育克	样片	2738
育克分割裙--前下片	样片	5112
育克分割裙--前育克	样片	3743

图4-275　储存区样片

步骤二：打开注解档案窗口，按需要选择需注解的内容（也可不选保持默认），然后单击【保存】按钮，起名后，保存注解档案。

（3）建立排版放置限制档案

步骤一：在储存区空白处单击鼠标右键，在弹出的菜单中选择【新建】→【排版放置限制】。

步骤二：在打开的注解档案窗口中，按需要选择拉布形式和件份方向，选择完成后点击

【保存】。

(4)建立款式档案

步骤一:在储存区空白处单击鼠标右键,在弹出的菜单中选择【新建】→【款式档案】,创建【鱼尾裙】款式档案和【育克分割裙】款式档案,如图4-276、图4-277所示。

	样片名称	样片图像	样片类别	样片描述	接合	布料	翻转			
							-	X	Y	X,Y
1	鱼尾裙-腰头		YAOTOU	RECTAN	□	1	1	0	0	
2	鱼尾裙-后上片		HOUSHA	RECTAN	□	1	1	0	0	
3	鱼尾裙-后下片		HOUXIAP	RECTAN	□	1	0	0	0	
4	鱼尾裙-前上片		QIANSHA	RECTAN	□	1	0	0	0	
5	鱼尾裙-前下片		QIANXIAP	RECTAN	□	1	0	0	0	
6					□					

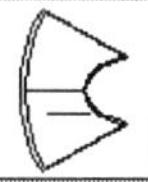

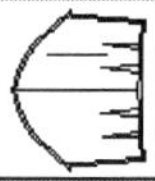

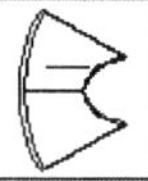

图4-276 鱼尾裙款式档案

	样片名称	样片图像	样片类别	样片描述	接合	布料	翻转			
							-	X	Y	X,Y
1	育克分割裙-前下片		QIANXIAP	RECTAN	□	1	0	0	0	
2	育克分割裙-后下片		HOUXIAP	RECTAN	□	1	0	0	0	
3	育克分割裙-后育克		HOUYUK	RECTAN	□	1	1	0	0	
4	育克分割裙-前育克		QIANYUK	RECTAN	□	1	1	0	0	

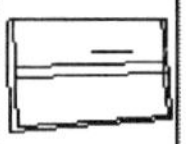

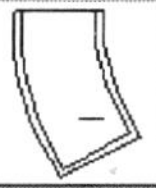

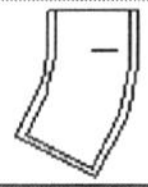

图4-277 育克分割裙款式档案

步骤二:按【F5】刷新,完成款式档案如图4-278所示。

(5)建立排版规范档案

步骤一:在储存区空白处单击鼠标右键,在弹出的菜单中选择【新建】→【排版规范档案】。

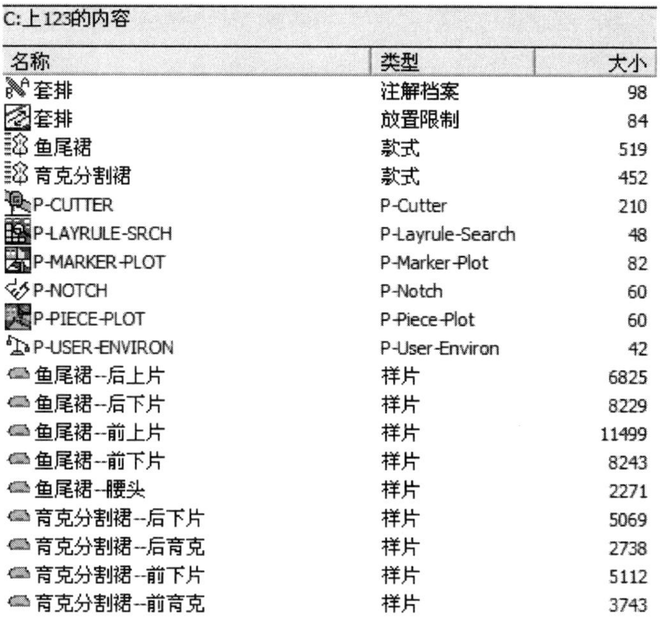
C:上123的内容
名称
类型
大小
套排 注解档案 98
套排 放置限制 84
鱼尾裙 款式 519
育克分割裙 款式 452
P-CUTTER P-Cutter 210
P-LAYRULE-SRCH P-Layrule-Search 48
P-MARKER-PLOT P-Marker-Plot 82
P-NOTCH P-Notch 60
P-PIECE-PLOT P-Piece-Plot 60
P-USER-ENVIRON P-User-Environ 42
鱼尾裙--后上片 样片 6825
鱼尾裙--后下片 样片 8229
鱼尾裙--前上片 样片 11499
鱼尾裙--前下片 样片 8243
鱼尾裙--腰头 样片 2271
育克分割裙--后下片 样片 5069
育克分割裙--后育克 样片 2738
育克分割裙--前下片 样片 5112
育克分割裙--前育克 样片 3743

图 4－278　完成款式档案

步骤二：在打开的档案窗口中，给排版图起好名称，并选择已经建立的各项档案，如图 4－279 所示；在【款式】选项中，选择建立的款式档案【鱼尾裙】，如图 4－280 所示；【新建搭配】选择建立的档案【育克分割裙】，如图 4－281 所示。

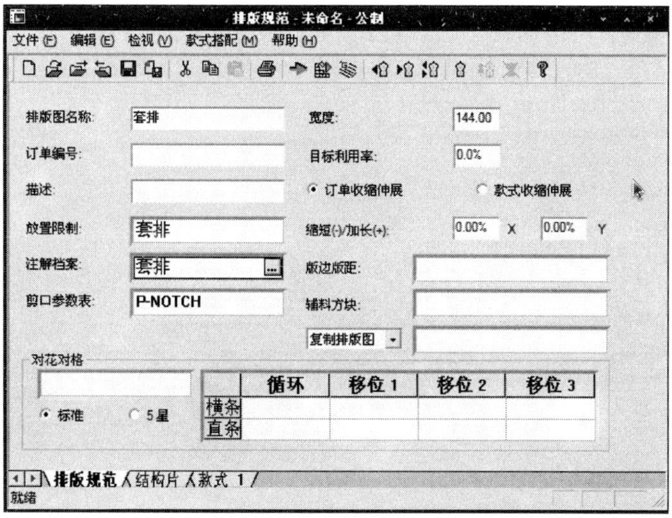
排版规范 - 未命名 - 公制
文件(F) 编辑(E) 检视(V) 款式搭配(M) 帮助(H)
排版图名称: 套排
宽度: 144.00
订单编号:
目标利用率: 0.0%
描述:
订单收缩伸展
款式收缩伸展
放置限制: 套排
缩短(-)/加长(+): 0.00% X 0.00% Y
注解档案: 套排
版边版距:
剪口参数表: P-NOTCH
辅料方块:
复制排版图
对花对格
标准
5星
循环
移位 1
移位 2
移位 3
横条
直条
排版规范 结构片 款式 1
就绪

图 4－279　排版规范档案

步骤三：命名并保存该排版规范。

（6）产生排版图

图 4 –280　选择款式"鱼尾裙"

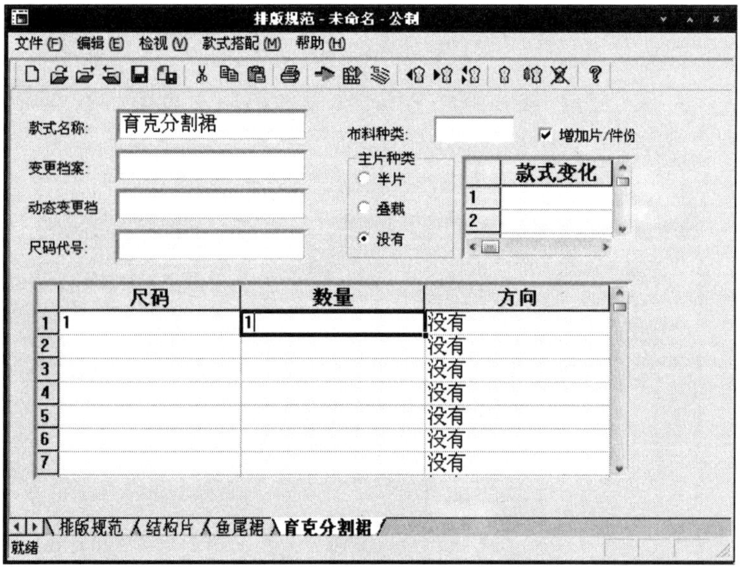

图 4 –281　新建搭配"育克分割裙"

在储存区中单击鼠标右键产生排版图。

（7）自动排版

在储存区中单击鼠标右键单击排版图，点选【自动排版】。自动排版完成图如图 4 – 282
所示。

（8）在排版系统中打开排版图

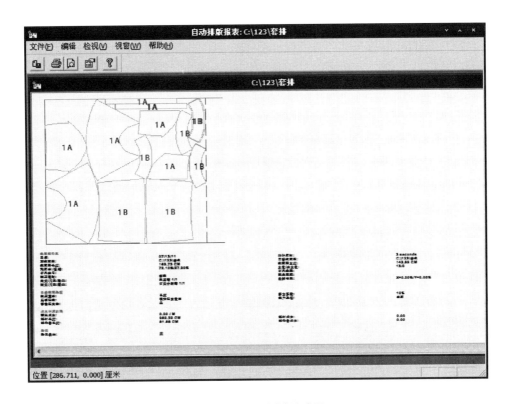

图4－282　自动排版完成图

启动【排版】系统,执行【打开】命令,找到排版图所在目录,打开自动排版图,如图4－283
所示。

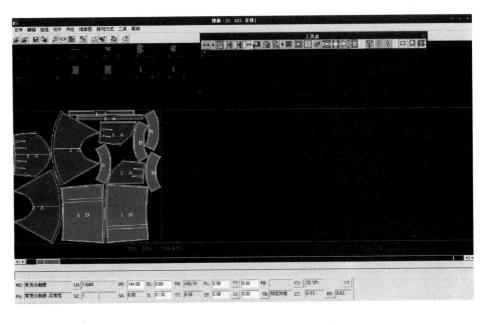

图4－283　排版系统中打开排版图

(9)【保存】排版图

在【排版】系统中使用各工具重新排版以提高布料利用率,如图 4 – 284 所示,并保存新的排版图。

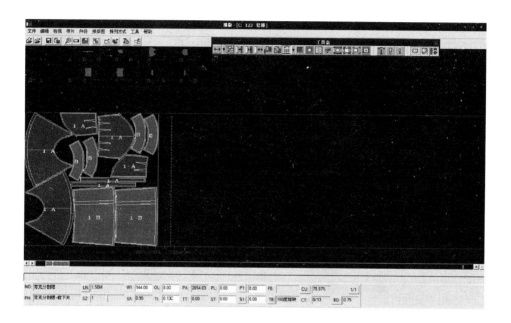

图 4 – 284　新的排版图

参考文献

［1］杨新华,李丰.工业化成衣结构原理与制板:女装篇［M］.北京:中国纺织出版社,2007.

［2］王兴平,王兴黎.服装工业打板技术全篇［M］.上海:上海文化出版社,2009.

［3］戴建国.男装结构设计［M］.杭州:浙江大学出版社,2005.

［4］张福良.成衣样板设计与制作［M］.北京:中国纺织出版社,2011.

书目：**服装**

书　　名	作　者	定价(元)
【服装高等教育"十二五"部委级规划教材(高职高专)】		
成衣样板设计与制作	张福良	35.00
服装专业毕业设计指导	张剑锋	33.00
服装出口贸易实务	张芝萍 等	29.80
【普通高等教育"十一五"国家级规划教材】		
化妆造型设计	徐子涵	39.80
计算机辅助平面设计(附盘)	尤太生	39.80
服装造型立体设计(附盘)	肖军	35.00
服装表演组织与编导(附盘)	关洁	26.00
服装贸易单证实务(附盘)	张芝萍	39.80
服装英语实用教材(第二版)(附盘)	张宏仁	36.00
出口服装商检实务(附盘)	陈学军	36.00
模特造型与训练(附盘)	张春燕	36.00
服装连锁经营管理(附盘)	李滨	32.00
服装企业板房实务(第2版)(附盘)	张宏仁	38.00
【服装高职高专"十一五"部委级规划教材】		
服装纸样放码(第2版)	李秀英	32.00
现代服装工程管理	温平则 冯旭敏	42.00
服装制作工艺:基础篇(第2版)(附盘)	朱秀丽 鲍卫君	35.00
服装制作工艺:成衣篇(第2版)(附盘)	鲍卫君 等	35.00
服装品质管理(第2版)	万志琴 宋惠景	29.80
服装商品企划理论与实务(附盘)	刘云华	39.80
成衣纸样电脑放码(附盘)	杨雪梅	32.00
成衣产品设计	庄立新	34.00
立体裁剪实训教材(附盘)	刘锋 等	39.80
面料与服装设计(附盘)	朱远胜 林旭飞 史林	38.00
服装纸样设计(第二版)(附盘)	刘东	38.00
艺术形体训练(附盘)	张芃	36.00
针织服装设计概论(第二版)	薛福平	39.80
中国服饰史(附盘)	陈志华 朱华	33.00
CorelDRAW 数字化服装设计(附盘)	马仲岭 周伯军	39.80
服装结构原理与制图技术(附盘)	吕学海	39.80
成衣设计(第二版)(附盘)	林松涛	35.00
服装美学(第三版)(附盘)	吴卫刚	36.00
鞋靴设计与表现(附盘)	伏邦国	42.00
产业用服装设计表现(附盘)	刘兴邦 王小雷	32.00

高职高专教材

书目：服装

书　　名	作　　者	定价(元)
实用化妆造型(附盘)	李采姣	38.00
服装生产现场管理(附盘)	姜旺生	30.00
【全国纺织高职高专规划教材】		
服饰配件设计与应用	邵献伟 吴晓菁	35.00
服装制作工艺：实训手册	许涛	36.00
针织服装结构与工艺设计	毛莉莉	38.00
服装表演基础(附盘)	朱焕良	28.00
服装表演编导与组织(附盘)	朱焕良 向虹云	25.00
服装贸易理论与实务	张芝萍	30.00
【高等服装实用技术教材】		
童装结构设计与应用	马芳 李晓英 侯东昱	28.00
服装生产工艺与流程	陈霞 张小量 等	38.00
服装国际贸易概论(第2版)	陈学军	28.00
服装企业督导管理(第2版)	刘小红	29.80
实用服装立体剪裁	罗琴	29.80
实用服装专业英语	张小良	29.80
服装纸样设计(上册)	刘东	20.00
服装纸样设计(下册)	李秀英 等	26.00
服装品质管理	万志琴	18.00
服装零售概论	刘小红	18.00
服装国际贸易概论	陈学军	18.00
【服装高等职业教育教材】		
服装学概论(第2版)	包昌法 徐雅琴	32.00
服装专业英语(第3版)	严国英 徐奔	32.00
服装缝纫工艺	包昌法	25.00
服装结构设计	苏石民	29.80
服装专业英语(第二版)	严国英	36.00
服装制图与样板制作(第二版)	徐雅琴	45.00
服装学概论	包昌法	17.00
服装面料与辅料	濮微	26.00
服装面料及其服用性能	于湖生	25.00
计算机服饰图案设计	陈有卿 胡嫔	30.00
服装面料应用原理与实例精解	齐德金	28.00

左侧竖排：高 职 高 专 教 材

注 若本书目中的价格与成书价格不同，则以成书价格为准。中国纺织出版社图书营销中心门市函购电话：(010)
64168110。或登录我们的网站查询最新书目：
中国纺织出版社网址：www.c - textilep.com